今すぐ使えるかんたんmini

Imasugu Tsukaeru Kantan mini Series

# Apple Music
### アップルミュージック
**基本&便利技**

技術評論社

# 本書の使い方

- ●画面の手順解説だけを読めば、操作できるようになる！
- ●もっと詳しく知りたい人は、補足説明を読んで納得！
- ●これだけは覚えておきたい機能を厳選して紹介！

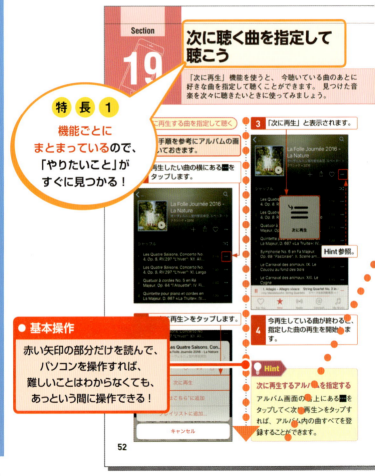

**特長 1**
機能ごとにまとまっているので、「やりたいこと」がすぐに見つかる！

● **基本操作**
赤い矢印の部分だけを読んで、パソコンを操作すれば、難しいことはわからなくても、あっという間に操作できる！

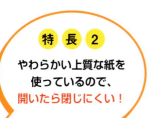

● 補足説明

操作の補足的な内容を適宜配置！

- Memo 補足説明
- Keyword 用語の解説
- Hint 便利な機能
- StepUp 応用操作解説

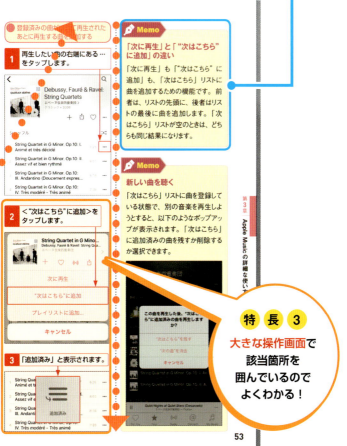

# iPhoneの基本操作

iPhoneを操作するのに必要な動作を紹介します。タップやドラッグ、ピンチなど指で画面に触れることで、Apple Musicのさまざまな操作を行います。

### タップ

画面を指でトンと1回たたく動作です。アプリの起動やボタンをオン/オフするときに使います。

### ダブルタップ

画面を指でトントンと2回たたく動作です。画面をズームするときなどに使います。

### ドラッグ/スライド

指を画面から離さずに動かす動作です。アイコンの移動やスライダを調整するときに使います。

### スワイプ

画面に触れた状態で指を払う動作です。画面の切り替えなどに使います。

| ピンチクローズ | ピンチオープン |
|---|---|
|  |  |
| 開いている人差し指と親指を閉じ合わせる動作です。画面を縮小するときに使います。 | 人差し指と親指を押し開く動作です。画面をズームするときに使います。 |

| タッチ | 押し込む |
|---|---|
|  |  |
| 画面を指で触れたままにする動作です。メニューを表示させるときなどに使います。iPhone 6s/6s Plus や iPhone SE を利用している場合にこの操作を行えます。 | 画面を力を入れて、軽く押し込む動作です。iPhone 6s/6s Plus や iPhone SE を利用している場合にこの操作を行えます。「ホーム」画面から検索する際などに便利です（P.31 参照）。 |

# CONTENTS 目次

## 第1章 Appleの提供している音楽サービスを知ろう

- Section 01　Appleの提供している音楽サービスとは　12
- Section 02　Apple Musicのしくみ　14
- Section 03　Apple Musicの利用に必要なもの　18
- Section 04　Apple MusicとiTunes Matchの違い　20
- Section 05　Apple Musicの利用を開始しよう　22
- Section 06　ジャンルやアーティストの設定を行おう　24
- Section 07　iCloudミュージックライブラリの設定をしよう　26
- Section 08　モバイルデータ通信の設定をしよう　27

## 第2章 Apple Musicの基本的な使い方を知ろう

- Section 09　Apple Musicで曲を聴いてみよう　30
- Section 10　再生中の曲の操作を知ろう　34
- Section 11　元の画面に戻ろう　36
- Section 12　曲名で楽曲を探して聴こう　37
- Section 13　アルバムで楽曲を探して聴こう　38
- Section 14　アルバムをマイミュージックに追加しよう　40
- Section 15　音楽をiPhone／iPadにダウンロードしよう　42
- Section 16　マイミュージックの使い方を知ろう　44

## 第3章 Apple Musicの詳細な使い方を知ろう

- Section 17　曲の再生画面を活用しよう　48
- Section 18　曲を共有しよう　50
- Section 19　次に聴く曲を指定して聴こう　52
- Section 20　Apple Musicの画面構成を確認しよう　56
- Section 21　For Youを活用しよう　58
- Section 22　Newから音楽を再生しよう　60
- Section 23　Radioを活用しよう　64
- Section 24　アーティストや曲からステーションを作成しよう　66
- Section 25　Connectを利用しよう　68
- Section 26　プレイリストを作成しよう　70

## 第4章 iTunesを使って音楽CDの曲をiPhone／iPadに転送しよう

- Section 27　iTunesを使った転送の手順を知ろう　76
- Section 28　iTunesを使って音楽CDの曲をパソコンに取り込もう　80
- Section 29　CDから取り込む曲の音質を変更しよう　82
- Section 30　アルバムアートワークを設定しよう　84
- Section 31　パソコンからiPhone／iPadへ音楽を転送しよう　88
- Section 32　iTunesで曲を再生してみよう　96
- Section 33　ほかのパソコンから音楽ファイルを移そう　100
- Section 34　不要な曲を削除しよう　102

## CONTENTS 目次

### 第5章 Apple Musicをもっと使いこなそう

Section 35 Siriを使って再生や検索を行おう……………………104
Section 36 曲にレートを付けて聴こう……………………108
Section 37 キュレーターで検索してプレイリストを聴こう…………110
Section 38 イコライザを使って音楽を聴こう……………………111
Section 39 曲やアルバムを購入しよう……………………112
Section 40 気に入ったミュージックビデオを購入しよう……………114
Section 41 Bluetoothスピーカーを接続して音楽を楽しもう……116
Section 42 Apple Musicのミュージックビデオを
テレビでみよう……………………118
Section 43 AirPlayを利用してApple Musicを視聴しよう……122
Section 44 ファミリープランを利用して
家族でApple Musicを楽しもう……………………124
Section 45 ファミリー共有の設定を行おう……………………126
Section 46 パソコンに保存した曲に歌詞を付けよう……………130
Section 47 ニックネームを設定しよう……………………132
Section 48 好きなアーティストの編集を行おう……………………134
Section 49 アーティストのフォローを編集しよう……………………136

### 第6章 Q&A

Section 50 ほかの音楽配信サイトで購入した曲は聴けるの?………140
Section 51 ハイレゾの再生はできるの?……………………141
Section 52 アルバムを追加したのにマイミュージックに
表示されないときはどうしたらよい?……………………142
Section 53 ダウンロードしたはずの曲が消えた!……………………143

|  |  |  |
|---|---|---|
| Section 54 | ダウンロードを削除したはずの曲が消えていない? | 144 |
| Section 55 | AndroidでApple Musicは使えますか? | 145 |
| Section 56 | CDから取り込んだ曲がiPhoneに移動しない! | 146 |
| Section 57 | アーティスト名がカタカナと英語の2つになったときは? | 148 |
| Section 58 | プレイリストを常に表示したい | 150 |
| Section 59 | 子供に不適切な音楽やビデオを再生できないようにしたい | 152 |
| Section 60 | パソコン内にある曲とiCloudにある曲を見分けるには? | 154 |
| Section 61 | iTunesの音楽ファイルの保存先を変えたい | 156 |
| Section 62 | iTunes Cardで支払いを行うには? | 158 |
| Section 63 | Apple Musicの契約更新を行わないようにするには? | 160 |
| Section 64 | ほかの機器でApple Musicを利用するには? | 164 |
| Section 65 | パソコンを変えたらどうする? | 166 |

## 付録 Apple Music利用のための基本設定／操作

|  |  |  |
|---|---|---|
| Section 66 | Apple IDを作成しよう | 170 |
| Section 67 | iTunesをインストールしよう | 174 |
| Section 68 | 支払い方法を設定しよう | 178 |
| Section 69 | iTunesでApple Musicの機能を使おう | 180 |
| Section 70 | iTunes Storeで映画をレンタル／購入しよう | 187 |

索引 …………………………………………………… 190

### ご注意：ご購入・ご利用の前に必ずお読みください

- 本書に記載された内容は、情報の提供のみを目的としています。したがって、本書を用いた運用は、必ずお客様自身の責任と判断によって行ってください。これらの情報の運用の結果について、技術評論社および著者はいかなる責任も負いません。

- ソフトウェアに関する情報は、特に断りのないかぎり、2016年4月現在での最新バージョンをもとに掲載しています。ソフトウェアはバージョンアップされる場合があり、本書での説明とは機能内容や画面図などが異なってしまうこともあり得ます。あらかじめご了承ください。

- 本書は、以下の環境での動作を検証しています。
  iPhone:iPhone 6s/6s Plus (iOS 9.3) ／パソコンOS:Windows 10・OS X EL Capitan
  iTunes:iTunes 12.3.3

- インターネットの情報については、URLや画面などが変更されている可能性があります。ご注意ください。

以上の注意事項をご承諾いただいた上で、本書をご利用願います。これらの注意事項をお読みいただかずにお問い合わせいただいても、技術評論社および著者は対処しかねます。あらかじめ、ご承知おきください。

■ 本書に掲載した会社名、プログラム名、システム名などは、米国およびその他の国における登録商標または商標です。本文中では™、®マークは明記していません。

# 第 1 章

# Appleの提供している
# 音楽サービスを知ろう

- 01 Appleの提供している音楽サービスとは
- 02 Apple Musicのしくみ
- 03 Apple Musicの利用に必要なもの
- 04 Apple MusicとiTunes Matchの違い
- 05 Apple Musicの利用を開始しよう
- 06 ジャンルやアーティストの設定を行おう
- 07 iCloudミュージックライブラリの設定をしよう
- 08 モバイルデータ通信の設定をしよう

# Section 01

# Appleの提供している音楽サービスとは

Appleでは音楽や映画を楽しむためのさまざまなサービスを提供しています。Apple Musicを利用するうえで、関わりの深いサービスを知っておきましょう。

## 主要なサービス

### iTunes Store

音楽や映画を購入できるオンラインストアです。4,300万曲を超える音楽が販売されていて、1曲の価格は150円、200円、250円となっています。トップチャートや、過去に購入した曲をもとにした「Geniusのおすすめ」などを使って、音楽を見つけることができます。曲によっては90秒間試聴でき、購入済みの曲との差額でアルバム全曲を揃えることができる「コンプリート・マイ・アルバム」機能も用意されています。iTunes Storeの曲は、すべてDRM(著作権保護のしくみ)フリーで提供されています。そのため、保存した曲をほかのデバイスで再生したり、コピーしたりということが自由に行えます。

### Apple Music

Apple Musicライブラリにある音楽を聴き放題で楽しむことができる定額制の音楽配信サービスです。数百万曲もの音楽が配信されていて、と

Apple Musicは、定額制の音楽配信サービス(左)。iTunes Storeでは音楽や映画を購入できます(右)。

くに洋楽のラインアップが豊富です。
気に入った曲を自分のライブラリ（マイミュージック）に保存できることや、端末にダウンロードしてオフライン再生できるのが大きな特徴です。自分の好みに合った音楽が見つかる「For You」機能や、音楽のエキスパートたちが集めたさまざまなプレイリスト（再生リスト）を通して、新しい音楽と出会うことができます。
料金プランは「個人メンバーシップ」と「ファミリーメンバーシップ」の2種類あります。3か月間の無料トライアルが用意されており、期間中すべての機能を無制限で利用できます。

### iTunes Match

自分のライブラリにある音楽を、インターネット上の「iCloudミュージックライブラリ」に保存して、どのデバイスからも再生できるようにするサービスです。年間3,980円で利用できます。
音楽ファイルをただ保存するのではなく、すべての曲をiTunes Storeのカタログと照合（マッチング）して、iTunes Storeにある曲なら、どれでもAAC 256kbpsの音質で再生できるようにします。またマッチングされた曲は、DRM制限なしでダウンロードして、オフラインで楽しむことができます。自分のライブラリの簡易的なバックアップとしても使えます。

iTunes Matchは、音楽をインターネット上に保存して、いつでも再生できるようにするサービスです。

# Section 02

# Apple Musicのしくみ

Apple Musicは、定額制の音楽配信サービスです。聴き放題で音楽を楽しめるということに加え、新しい音楽に出会うための機能が満載です。

### Apple Musicとは

Apple Music は、Apple が提供している定額制の音楽配信サービスです。Apple Music のメンバーシップに登録すると、Apple Music にある曲やアルバム、ビデオクリップなどの音楽コンテンツを無制限に再生することができます。

気に入った音楽を、自分のライブラリに追加して新しいプレイリストを作ったり、端末にダウンロードして楽しんだりできます。各ジャンルごとに用意されたプレイリストや24時間放送しているライブラジオ、最大で家族6人までが利用できる家族向けのファミリーメンバーシップなど、ほかの音楽配信サービスにはない特典が数多く用意されています。ここではその Apple Music の特徴を見ていきましょう。

Apple Musicは、「ミュージック」アプリで楽しむことができます。利用するにはいくつかの設定が必要になります（Sec.05〜08参照）。

### Apple Music内の楽曲が聴き放題

Apple Musicのメンバーシップに登録すると、Apple Musicにある数百万曲を超える音楽が聴き放題になります。ラジオステーション機能を利用すれば、お気に入りのアーティストの曲や似ている曲だけを流し続けることが可能です。

### ダウンロードしてオフライン再生ができる

Apple Musicはストリーミングで再生できるので、スマートフォンやタブレットのストレージを一切消費しません。しかし、気に入った音楽を端末にダウンロードして、オフラインで再生するという使い方もできます。病院や機内など、電波を使用できない場所でも、あらかじめ音楽をダウンロードしておけば問題ありません。またオフライン再生ならデータ通信を利用しないため、データ通信量を節約できます。

### iTunes Storeで買う曲と同じ音質

Apple Musicで配信されている音楽の仕様は、iTunes Storeで提供されているのと同じ高音質のAAC形式（最高256kbps）です。しかし、携帯回線を利用するときはビットレートを低くして配信しています。これにより、外で音楽を楽しむときは、データ通信量を押さえることができます。なお、設定を変えることで、データ通信使用時でもWi-Fi環境で聴くのと同じ高音質の音楽を再生できるように変更できます。

iPhoneだけでなく、iPadやパソコンでも同じように利用できます。

### 🔵 好みの音楽に出会える「For You」

Apple Music の膨大なライブラリから、聴きたい音楽を探し出すというのはなかなか難しいことです。そこで用意されているのが、「For You」です。ユーザーが好きそうな曲を、Apple Music がおすすめ（レコメンド）してくれる機能です。ユーザーが音楽の好き嫌いを Apple Music に伝えたり、実際に音楽を再生したりすることで、音楽の好みを学習させることができます。使えば使うほど、レコメンドの精度が上がっていく優れたしくみです。

### 🔵 シーンや気分に合わせた選曲が楽しめる

Apple Music には、音楽の専門家が厳選したプレイリストが豊富に用意されています。プレイリストを利用すれば、ジャンルごとのヒットソングはもちろんのこと、聴くシーン（アクティビティ）に合わせて音楽を楽しむこともできます。新しい音楽に出会える機会が広がります。

### 🔵 音楽の共有がかんたん

音楽を見つけて楽しむだけではなく、見つけた音楽を組み合わせて、自分だけのプレイリストを作ることもできます。作ったプレイリストは、お気に入りのアルバムやアーティストの情報と一緒に、Facebook や Twitter、「メッセージ」アプリなどに投稿して、ほかの人とかんたんに共有できます。

Apple Musicが曲をおすすめしてくれるので、好みにあった曲が楽しめます。

● 聴きたい曲がなければ自分で追加できる

Apple Music のライブラリに聴きたい曲がないときは、CD などを利用してパソコンに取り込んだ曲を、自分で追加できます。Apple Music に登録すると、自分で追加した曲もすべてクラウドにアップロードして、ストリーミングで再生したり、端末にダウンロードしたりできます。アップロードできる音楽は最大 25,000 曲です。これまでに集めた音楽を無駄にすることなく、Apple Music と一緒に楽しめます。

● 最大10台の機器での利用

Apple Music は、iPhone や iPad だけでなく、Apple TV やパソコン、Android スマートフォンなど、さまざまな機器に対応しています。1 つのメンバーシップ登録で、最大 10 台の機器で Apple Music が利用できます。

● 家族向けのファミリープランも用意

Apple Music の料金は 2 つ用意されています。1 つは 980 円／月で利用できる「個人メンバーシップ」プランです。そしてもう 1 つは家族で利用できる「ファミリーメンバーシップ」プランで、こちらは 1,480 円／月です。ファミリーメンバーシップは、iCloud の「ファミリー共有」を利用し、最大 6 人のメンバーで Apple Music を利用できます。

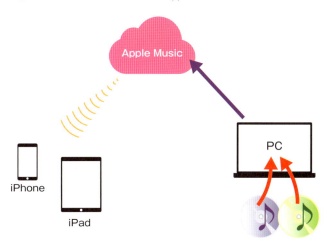

パソコンに取り込んだ音楽CDなどの曲もiCloudミュージックライブラリ（P.20、26参照）経由で聴くことができます。

Section 03

# Apple Musicの利用に必要なもの

Apple Musicを利用するのに必要なのは、Apple IDとApple Musicに対応した再生機器の2つです。さまざまな機器がApple Musicに対応しています。

## Apple Musicの利用に必要なもの

Apple Music を利用するのに必要なのは、Apple ID（P.170 参照）と対応機器（ハードウェア）の 2 つです。Apple Music は 3 か月無料で利用できますが、トライアル期間終了後も継続して利用するなら、プランにより月額 980 円または、1,480 円の支払いが必要です。

対応機器は、iPhone や iPad のほか、パソコンや Apple TV、Android スマートフォンなどさまざまです。外出時にはスマートフォン、家にいるときはパソコンや Apple TV など、利用する場所ごとに環境を変えて楽しめます。どのデバイスを使う場合でも、メンバーシップ登録時に利用した Apple ID でサインインすれば、すぐに Apple Music を利用できます。またストリーミング再生や音楽をダウンロードするには、Wi-Fi 接続またはデータ通信接続が必要です。

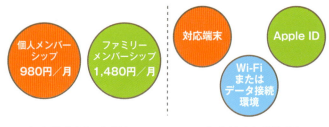

Apple Musicの2つのプラン　　Apple Musicに必要なもの

## 対応機器ごとの利用ポイント

### iPhone / iPad などの iOS 端末

標準でインストールされている「ミュージック」アプリを利用します。「ミュージック」アプリに Apple Music が表示されないときは、iOS を最新版にアップデートしましょう。3 か月無料のトライアルメンバーシップも「ミュージック」から登録できます。

### Apple Watch

iPhoneとペアリングしたApple Watchがあれば、iPhoneで再生する曲をApple Watchからコントロールできます。

### Apple TV

第4世代のApple TVがあれば、Apple Musicがそのまま楽しめます（P.118参照）。Apple Musicに登録したApple IDでサインインするだけです。「iCloudミュージックライブラリ」（P.20、26参照）を利用することで、iPhoneやiPadなどのライブラリと同期することも可能です。

### MacまたはWindowsパソコン

パソコンにインストールされているiTunesで、Apple Musicが利用できます。登録に使ったApple IDでサインインするだけで、ライブラリの内容がスマートフォンと自動的に同期され、Apple Musicから保存した曲やプレイリストが表示されます。

音楽CDなどから取り込んだ音楽をクラウドにアップロードして、Apple Musicにない曲を自分のライブラリに追加することもできます。

### Androidスマートフォン

Apple MusicはAndroidスマートフォンでも使えます。この場合、Google Playで「Apple Music」アプリをインストールして、Apple IDでサインインします。Android OSは4.3（Jelly Bean）以上が必要です。

Apple Musicはさまざまな機器に対応しています。

# Section 04

# Apple Musicと
# iTunes Matchの違い

Apple Musicを相互補完するのがiTunes Matchです。一部機能が重なっているため、似たものどうしに見えますが、ここで両者の違いをかんたんに紹介します。

## ● iTunes Matchとは

iTunes Match は、iTunes のミュージックライブラリにある音楽すべてを、iCloud にある「iCloud ミュージックライブラリ」に保存できるサービスです。iTunes Match に登録すると、CD から取り込んだ楽曲などiTunes のライブラリにある音楽を、iTunes Store にあるカタログと照合(マッチング)します。そして同じ曲があれば、iCloud を通してすぐに再生できるようにします。このときオリジナルのファイルがどのような状態のものであっても、iTunes Store にあるものと同じ、AAC 256kbps、DRM(デジタル著作権管理)フリーの音楽として再生できるのが大きな特徴です。そして、iTunes Store にない曲はオリジナルのファイルのままアップロードして利用します。

iTunes Match では、iTunes と同期して音楽を転送する必要がありません。Apple ID でサインインするだけで、どの端末からもストリーミングで再生できます。

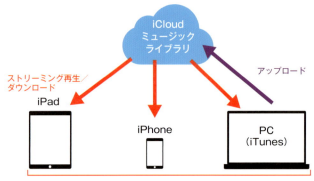

iCloudミュージックライブラリのしくみ

### Apple MusicとiTunes Matchの違い

Apple Musicに登録すると、iTunes Matchと同じようにiCloudミュージックライブラリが利用できるようになります。手持ちの音楽をiCloudで管理して、ストリーミング再生やオフライン再生が楽しめます。ここまではiTunes Matchと同じです。

違うのは音楽をダウンロードするときのDRMの扱いです。Apple Musicの音楽をダウンロードすると、デジタル保護機能が付きます。自分のライブラリにもとからある音楽でも、同じ曲がApple Musicにあるときは、ダウンロードするとDRMが付くのです（iTunes Storeで購入したiTunes Plusの曲を除きます）。

### iTunes Matchはどのような場合に役立つ?

Apple MusicとiTunes Matchを両方登録する人は少ないかもしれません。しかしiTunes Matchには、ライブラリの簡易的なバックアップとして使えるというメリットがあります。たとえば、iCloudミュージックライブラリを利用中、オリジナルの音楽を保存しているパソコンが壊れたとします。このとき、iTunes MatchならiCloudから音楽をダウンロードして、ライブラリを元の状態に戻すことができます（完全に同じではありません。マッチングされた曲は、すべてAAC 256kbpsに変換されます）。もしApple Musicしか登録していないときは、iCloudから音楽をダウンロードすると、Apple Musicにある曲にはDRMが付くため、Apple Musicを解約すると再生できなくなります。

### iTunes Matchに登録するには

iTunes Matchは、「設定」アプリで登録できます。「設定」を起動して、＜ミュージック＞をタップしたあと、＜iTunes Matchに登録＞をタップします。なおiTunes Matchは年間3,980円で利用可能です。

iTunes Matchの登録は、＜iTunes Matchに登録＞をタップして進めます。

# Section 05

# Apple Musicの利用を開始しよう

いよいよApple Musicの利用を開始しましょう。まずは、無料トライアルメンバーシップに登録します。ここではiPhoneを利用した開始手順を解説します。

## 無料トライアルを開始する

**1** <ミュージック>をタップします。

**2** <3ヶ月無料トライアルメンバーシップを開始>をタップします。

**3** プランを選択します。

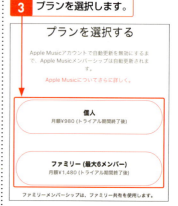

ファミリーメンバーシップは、ファミリー共有を使用します。

### 📝 Memo

### Apple Musicが表示されないときは

「ミュージック」を起動しても、手順 2 が表示されないときは、画面下に表示されている<For You>をタップします。

| 4 | Apple ID のパスワードを入力するか、または指紋で認証します。 |

| 5 | 好みのジャンルを設定します。 |

この操作の続きは、次のページから解説します。

### 📝 Memo

**「ミュージック」アプリの画面構成**

「ミュージック」アプリには、Apple Musicが統合されています。画面下には、「For You」「New」「Radio」「Connect」「My Music」という5つのボタンが並んでいて、タップして切り替えます（P.56参照）。また画面左上のアイコン🔘をタップするとアカウント画面を表示して、ニックネームを編集したり、サインアウトしたりできます。画面右上には検索機能を利用するための虫眼鏡のアイコン🔍が表示されています。

アカウント画面を表示する。

検索を行う。

タップして切り替える。

**Section 06**

# ジャンルやアーティストの設定を行おう

プランの選択を終えると、気になるジャンルやお気に入りのアーティストの設定を行います。For Youにおすすめの音楽が表示されるよう、自分の好みを伝えます。

---

P.23の続きから解説しています。

**1** 好みのジャンルを設定します。

**2** 好きなジャンルは1回タップします。

**3** 大好きなジャンルは2回タップします。

やり直すことができます。

**4** 興味のないジャンルは長押しすると削除できます。

**5** ジャンルの設定が終わったら、＜次へ＞をタップします。

## お気に入りを3つ以上選択する

**1** お気に入りを3つ以上選択します。

**2** 気になるアーティストを1回タップします。

**3** 大好きなアーティストは2回タップします。

ほかのアーティストを表示できます。

**4** 3つ以上選択したら、

**5** ＜終了＞をタップします。

**6** 好みに合った自分だけの「For You」画面が表示されます。

ここで行った設定はやり直すこともできます。詳しくは P.134 を参照してください。

## Section 07

# iCloudミュージックライブラリの設定をしよう

Apple Musicに登録すると、iCloudミュージックライブラリが利用できるようになります。設定がオンになっているかどうか「設定」で確認できます。

---

**1** ＜設定＞をタップします。

**2** ＜ミュージック＞をタップします。

**3** iCloudミュージックライブラリがオンになっていることを確認します。

**4** ＜ホーム＞ボタンを押して、「ホーム」画面に戻ります。

### 🔑 Keyword

**iCloudミュージックライブラリとは**

iCloudミュージックライブラリは、iCloudを利用したライブラリです（Sec.04参照）。同じApple IDでサインインしたiPhoneやiPad、iTunesなどを使って、クラウドから音楽をストリーミング再生したり、ダウンロードしたりできるようにします。Apple Musicの曲をライブラリに追加すると、このiCloudミュージックライブラリに曲情報が保存されます。Apple Musicにない曲を、パソコンからアップロードしてほかの曲と一緒に管理することができます。

# Section 08 モバイルデータ通信の設定をしよう

ダウンロードしていない曲を外出中に聴きたくなることもあるでしょう。データ通信でストリーミング再生やダウンロードを行うには、設定を変更します。

**1** <設定>をタップします。

**2** <ミュージック>をタップします。

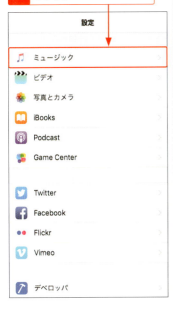

**3** <モバイルデータ通信を使用>をタップしてオンにします。

### Memo

**外でも高音質で聴く**

手順 **3** で<モバイルデータ通信で高音質>をオンにすると、データ通信中でも高音質で再生できます。しかしこの場合、データ通信量が増えます。外出中でも高音質で楽しみたいなら、できるだけ音楽をダウンロードしておくとよいでしょう。オフラインで再生すれば、データ通信を使いません。音楽のダウンロード方法は P.42 で紹介しています。

# Apple Music利用時の注意点

3か月の無料トライアルが終わるとき、Apple Musicを継続利用するかどうか選択することになります。トライアル期間終了後にApple Musicを更新しないでいると、解約になります。Apple Musicを解約しても、「Beats 1」や「Connect」などはそのまま利用できますが（表を参照）、音楽の聴き放題サービスやプレイリストといった機能は利用できなくなります。

同時に、iCloudミュージックライブラリも無効になります。そのため、これまでにマイミュージックに追加、またはダウンロードした音楽は再生できなくなります。注意したいのは、もともと自分のiTunesのライブラリにあった音楽を、端末にダウンロードしていたときです。Apple Musicに同じ曲があった場合は、ダウンロードした音楽にはDRMが付き、解約後は再生できなくなります（iTunes Storeで購入した曲は除きます）。

この問題は、パソコンのiTunesからオリジナルの音楽ファイルを転送し直すことで解決します。端末のストレージを消費しますが、聴きたい音楽を転送し直すことで、再び自由に再生できるようになります。

### Apple Musicを解約しても利用できる機能

|  | Apple IDを使ってサインイン |
|---|---|
| Connect上でアーティストのフィードを表示 | ○ |
| Connect上でアーティストをフォロー | ○ |
| Connectでコンテンツを再生したり、「ラブ」を付けたり、コメントを投稿する | ○ |
| ラジオステーションBeats 1を聴く | ○ |
| Apple Musicのラジオステーションを聴く | × |
| Apple Musicライブラリにある曲を制限なく聴く | × |
| Apple Musicのコンテンツを自分のライブラリに追加する | × |
| オフラインで聴くためにダウンロードする | × |
| For Youを利用する | × |

「New」は表示され、プレイリストの内容も表示することができます。しかし、何かをタップすると、Apple Musicの登録画面が表示されます。

## 第2章

# Apple Musicの基本的な使い方を知ろう

- 09 Apple Musicで曲を聴いてみよう
- 10 再生中の曲の操作を知ろう
- 11 元の画面に戻ろう
- 12 曲名で楽曲を探して聴こう
- 13 アルバムで楽曲を探して聴こう
- 14 アルバムをマイミュージックに追加しよう
- 15 音楽をiPhone／iPadにダウンロードしよう
- 16 マイミュージックの使い方を知ろう

# Section 09

# Apple Musicで曲を聴いてみよう

Apple Musicで聴きたい曲を探すには、検索機能を使います。曲名やアーティスト名、アルバム名などを入力して、聴きたい曲を探してみましょう。

**1** ＜ミュージック＞をタップします。

**2** ここをタップします。

**3** アーティスト名を入力し、

**4** ＜Search＞（または＜検索＞）をタップします。

**5** 検索結果が表示されます。

**6** アーティスト名をタップします。

**7** アーティストのページが表示されます。

Hint参照。

### 💡 Hint

**同じタイプのアーティストを探す**

手順 **7** でアーティスト名が表示されている部分をタップすると、アーティストの情報が表示されます。また、その下には同じタイプのアーティストが3つ表示されていて、タップすることで関連性の高いアーティストを見つけることができます。

### 📝 Memo

**アーティストページ**

アーティストのページではトップソングのほかにトップアルバムやアルバム、ビデオなどが表示されます。好きなアーティストの作品を一度に見ることができます。

### 📝 Memo

**「ホーム」画面から検索する**

iPhone 6s以降で追加されたクイックアクションを使って、「ホーム」画面にある「ミュージック」のアイコンから検索を実行することもできます。「ミュージック」のアイコンを強く押し込むとメニューが表示されるので、＜検索＞をタップすると、検索画面が表示されます。なおメニューからは、無料のラジオ「Beats 1」を聴いたり、最後に聴いていた曲を再生したりすることもできます。

## 🟢 曲を再生する

**1** 聴きたい曲をタップします。

Memo 参照。

**2** 曲の再生が始まります。

**3** ここをタップすると、

**4** 再生を停止できます。

---

### 📝 Memo

**トップソングをもっと表示する**

手順 **1** で＜トップソング＞をタップすると、表示しきれなかったほかのトップソングの一覧が表示されます。なお、ここで曲をタップすると、曲の再生が始まります。曲の再生が終わると、そのまま次に表示されている曲が続けて再生されます。∥をタップすると、再生を停止できます。手順 **2** の画面に戻るには、画面上部の＜戻る＞をタップします。

前の画面に戻ります。

タップすると曲を再生します。

タップすると再生を停止できます。

● 再生画面を表示する

前ページの手順2の続きから解説しています。

**1** ここをタップします。

**2** 再生画面が表示されます。

**3** 下方向にスワイプすると、

Hint参照。

**4** 手順1の画面に戻ります。

💡 **Hint**

### アルバムを表示する

アルバムを表示するには、手順2の画面で曲名部分をタップします。

## Section 10

# 再生中の曲の操作を知ろう

曲のスキップや早送り、音量調節などは再生画面で行います。またiPhoneをスリープ状態にしているときは、ロック画面で操作することもできます。

P.33の手順を参考に再生画面を表示しておきます。

### 曲をスキップする

**1** ここをタップします。

再生位置を移動できます。

左右にドラッグして音量を調節します。

一時停止します。

**2** 次の曲にスキップします。

ここをタップすると、前の曲に戻ります。

### 📝 Memo

**ロック画面やコントロールセンターで操作する**

音楽の再生中は、ロック画面やコントロールセンターに再生コントローラが表示されます。いちいち「ミュージック」を起動しなくても、一時停止やスキップ操作などが行えます。

ロック画面

コントロールセンター

## Memo

### 早送り/巻き戻し操作を行う

スキップボタン◀◀／▶▶を長押しすると、巻き戻し／早送り操作になります。しかしピンポイントで再生位置を調整したいときは、スクラブ再生機能を利用するとよいでしょう。アルバムジャケットの下にある再生ヘッドをドラッグする際、指の位置をスライダに近づけると再生速度が「高速」になり、スライダから遠ざけると、「半分の速度」「1／4の速度」「細かく」というように再生速度を変更できます。操作に少し慣れが必要になりますが、コツを覚えてしまえば便利な機能として利用できます。

> ドラッグ中にスライダから指を遠ざけるのが操作のポイント。

## ● ラブを付ける

**1** ここをタップします。

**2** ハートが黒くなりラブが付きました。

再度タップすれば、ラブを取り消すことができます。

**3** ＜OK＞をタップします（2回目以降は表示されません）。

## Memo

### ラブとは

ラブを付けると、Apple Musicに自分の好みを伝えることができます。ラブを付けることで、For Youに表示されるおすすめを、より自分の好みに近づけることができます。

# Section 11

## 元の画面に戻ろう

曲の再生画面から元の画面に戻りたいときは、画面の左上にあるボタンをタップします。音楽を再生したまま、ほかの音楽を探すことができます。

P.33の手順を参考に再生画面を表示しておきます。

**1** ここをタップします。

**2** 前の画面に戻ります。

**3** ＜戻る＞をタップすると、

**4** さらに前の画面に戻ります。

### ✏ Memo

**再生中でも曲を探せる**

曲の再生中に元の画面に戻っても、再生は中断されません。画面を表示していくなかで、気になった曲があればタップしてみましょう。すぐに曲が再生されます。

# Section 12

## 曲名で楽曲を探して聴こう

聴きたい曲のタイトルがわかっているときは、曲名を入力して検索します。さまざまなアーティストの演奏から、聴きたい曲を探して検索できます。

**1** ここをタップします。

**2** 曲名を入力し、

**3** <検索>（または<Search>）をタップします。

**4** 検索結果が表示されます。

**5** <曲>をタップします。

**6** 曲の一覧が表示されます。

**7** 聴きたい曲をタップします。

**8** 曲の再生が開始します。

第2章 Apple Musicの基本的な使い方を知ろう

# Section 13

# アルバムで楽曲を探して聴こう

今度はアルバムを検索してみましょう。アルバム名を入力して探すのはもちろん、ジャンル別のベスト盤やオムニバスを探したいときなどに便利です。

**1** ここをタップします。

**2** キーワードを入力し、

**3** <検索>(または< Search >)をタップします。

**4** 検索結果が表示されます。

**5** <アルバム>をタップします。

**6** アルバムの一覧が表示されます。

**7** 聴きたいアルバムをタップします。

| 8 | アルバムの内容が表示されます。 |

| 9 | 聴きたい曲をタップします。 |

| 10 | 曲の再生が開始します。 |

### Memo

#### 3D Touchでアルバムの一覧を表示する

iPhone 6sやiPhone 6s Plusなら、手順 7 で画面を強く押し込んで、アルバムの内容をプレビューできます。指を離せば元の画面に戻ります。そのまま画面を強く押し込んで全画面に表示することもできます。また画面を上にドラッグすることで、再生操作などを行うためのメニューを表示できます。

## Section 14

# アルバムをマイミュージックに追加しよう

気に入った曲やアルバムを見つけたら、マイミュージックに追加しておきましょう。もう1回聴きたいというとき、目的の曲をすぐに見つけることができます。

### ● アルバムをマイミュージックに追加する

P.38の手順でアルバム画面を表示しておきます。

**1** ＜＋＞をタップします。

**2** クラウドアイコンに変わり、My Musicと表示されます。

### 📝 Memo

#### 1曲だけ追加する

アルバムの中の気に入った曲だけ追加したいというときは、曲単位で追加できます。曲名の横にある･･･をタップして、＜＋＞をタップします。

**1** 追加したい曲の右端にある･･･をタップします。

**2** ＜＋＞をタップします。

**3** 曲が追加されます。

## マイミュージックを開く

**1** ＜ My Music ＞をタップします。

**2** 追加したアルバム（曲）が表示されます。

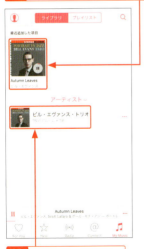

**3** ここをタップすると、

**4** 曲の一覧が表示されます。

**5** 曲をタップすると、再生できます。

### Memo

#### プレイリストも追加できる

Apple Musicには、特定のテーマにもとづいて楽曲を集めたプレイリスト（再生リスト）も数多く提供されています。ここで解説しているのと同じ手順で、プレイリストの画面に表示されている＜＋＞をタップすることで、アルバムと同様にプレイリストをマイミュージックに追加できます。

第2章 Apple Musicの基本的な使い方を知ろう

Section 15

# 音楽をiPhone／iPadにダウンロードしよう

マイミュージックに曲を追加しただけでは、端末に保存されません。追加した曲をオフライン環境でもいつでも再生できるように、ダウンロードしてみましょう。

● アルバムをダウンロードする

P.38の手順を参考にアルバム画面を表示しておきます。

**1** ＜＋＞をタップして、マイミュージックに追加します。

**2** 続けてここをタップすると、

**3** ダウンロードが開始します。

ダウンロードが完了するとiPhoneのアイコンが表示されます。

### Memo
**ダウンロードした音楽を聞く**

ダウンロードしたアイテムは、「マイミュージック」で再生できます（P.44参照）。iPhoneに保存されているアイテムには、(iPhone)のマークが付きます。

### Memo
**音楽を端末にダウンロードする**

すでにマイミュージックに追加している音楽をダウンロードしたいときは、＜My Music＞をタップしてアイテムを開いたあと、手順 **2** のクラウドアイコンをタップします。

● ダウンロードを削除する

**1** ＜ My Music ＞をタップして、

**2** アイテムをタップします。

**3** 削除したいアイテムの右端にある■をタップして、

**4** ＜削除＞をタップします。

ここをタップすると、マイミュージックからも削除されます。

**5** ＜ダウンロードを削除＞をタップします。ダウンロードを削除しても、マイミュージックには残ります。

## Section 16

# マイミュージックの使い方を知ろう

マイミュージックには、購入した音楽やApple Musicから追加したアイテムがまとめて表示されます。マイミュージックの曲を検索することもできます。

### ● 音楽を再生する

**1** ＜My Music＞をタップします。

**2** 聴きたい項目をタップします。

＜プレイリスト＞をタップすると、プレイリストの一覧が表示されます。自分で作ったプレイリストやApple Musicから追加したプレイリストが表示されます。

最近追加した音楽が表示されています。

**3** アルバムや曲の一覧が表示されます。

すべてのアルバムをシャッフル再生できます。

**4** 聴きたいアルバムをタップします。

**5** 聴きたい曲をタップして再生を開始します。

44

● 並び順を変更する

**1** ここをタップします。

**2** <アルバム>をタップします。

<曲>や<ジャンル>、<作曲者>を選んで並びかえることもできます。

### Memo

**ライブラリにアルバムがないときは**

オムニバスなどで、アーティストの一覧やアルバム一覧に表示されないアイテムがあるときは、上記の手順を参考に、マイミュージックの並び順を「ジャンル」や「コンピレーションアルバム」などに変更してみましょう。

**3** アルバム順に表示されます。

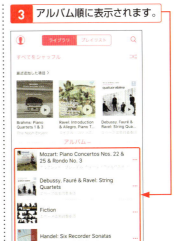

### Memo

**端末にある曲だけを表示する**

手順 **2** で<ダウンロードした項目のみ>をタップしてオンにすると、端末にダウンロードした音楽だけを表示できます。オフライン環境で再生できる曲を探したいときに便利です。

## マイミュージックを検索する

**1** ここをタップして、

**2** キーワードを入力し、

**3** <マイミュージック>をタップします。

**4** マイミュージック内を検索できます。

アルバムをタップして開くこともできます。

**5** <曲>をタップします。

**6** 聴きたい曲をタップして再生できます。

# 第 3 章

# Apple Musicの詳細な使い方を知ろう

- 17 曲の再生画面を活用しよう
- 18 曲を共有しよう
- 19 次に聴く曲を指定して聴こう
- 20 Apple Musicの画面構成を確認しよう
- 21 For Youを活用しよう
- 22 Newから音楽を再生しよう
- 23 Radioを活用しよう
- 24 アーティストや曲からステーションを作成しよう
- 25 Connectを利用しよう
- 26 プレイリストを作成しよう

# Section 17

## 曲の再生画面を活用しよう

再生画面では、曲の早送りや巻き戻し操作のほか、共有やシャッフルなども用意されています。ここでは画面の下に並んでいる各ボタンについて解説します。

### ● リピート再生をする

P.33 の手順を参考に再生画面を表示しておきます。

**1** ここをタップします。

**2** アルバムまたはプレイリストがリピート再生されます。

**3** もう1度タップすると、

**4** 1曲をリピート再生します。

タップするとリピートを解除できます。

### 📝 Memo

#### 再生画面の機能

再生画面の下には4つのボタンが並んでいます。共有機能を使えば、おすすめの音楽を友だちに知らせたり、SNSへ投稿したりできます（P.50参照）。また、上部には「次はこちら」を表示するボタンがあり、今流れている曲のあとに再生される曲のリストを表示して、好きな曲を再生したり、リストを並べ替えたりできます（Sec.19参照）。

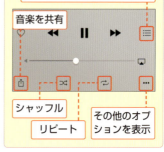

「次はこちら」のリストを表示
音楽を共有
シャッフル
リピート
その他のオプションを表示

### その他のオプションを表示する

**1** …をタップします。

**2** 「その他のオプション」が表示されます。

音楽を共有します。
アルバム画面を表示します。
ラブを付けます。

ステーションを作成します（P.66参照）。
プレイリストに追加します（P.70参照）。
音楽を削除します（Memo参照）。

### Memo

#### マイミュージックから1曲だけ削除する

マイミュージックに音楽を追加している場合、手順 **2** の画面で＜マイミュージックから削除＞をタップすると、アルバムから1曲だけ削除できます。削除すると、アルバム画面に曲が表示されなくなります。元に戻したいときは、アルバム画面で＜コンプリートアルバムを表示＞をタップすると全曲表示されるので、曲の横にある…をタップして「その他のオプション」を表示し、＋をタップします。

第3章 Apple Musicの詳細な使い方を知ろう

49

## Section 18

# 曲を共有しよう

Apple Musicで見つけた音楽は、AirDropやSNS、メールなどを利用してかんたんに共有できます。お気に入りの音楽をほかのユーザーにすすめてみましょう。

### プレイリストを共有する

P.59の手順を参考に共有したいプレイリストを表示しておきます。

**1** ここをタップします。

**2** ここではAirDropの相手をタップします。タップすると、相手にプレイリストが送信されます。

左にドラッグすることで、「Twitter」や「Facebook」も選択できます。

### 共有されたプレイリストを受け取る

送信先の端末で操作します。

**1** <受け入れる>をタップします。

**2** プレイリストが表示されます。

### 📝 Memo

**再生にはApple Musicへの登録が必要**

共有されたプレイリストを再生するには、Apple Musicへの登録が必要です。

● 再生中の曲を共有する

P.33 の手順を参考に共有したい曲の再生画面を表示しておきます。

**1** ここをタップします。

**2** ＜曲を共有＞（または＜アルバムを共有＞）をタップします。

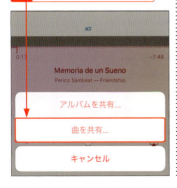

**3** 送信方法を選びます。ここでは＜メールで送信＞をタップします。

**4** 宛先と件名を入力し、

**5** ＜送信＞をタップします。

### Memo

#### リンクを受け取る

共有メールには、iTunes のリンクが貼られています。メールを受け取ったあと、リンクをタップすると iTunes Store（または Apple Music）が開きます。

Section 19

# 次に聴く曲を指定して聴こう

「次に再生」機能を使うと、今聴いている曲のあとに好きな曲を指定して聴くことができます。見つけた音楽を次々に聴きたいときに使ってみましょう。

## 次に再生する曲を指定して聴く

P.38 の手順を参考にアルバムの画面を開いておきます。

**1** 再生したい曲の横にある **・・・** をタップします。

**2** ＜次に再生＞をタップします。

**3** 「次に再生」と表示されます。

Hint 参照。

**4** 今再生している曲が終わると、指定した曲の再生を開始します。

### 💡 Hint

**次に再生するアルバムを指定する**

アルバム画面の右上にある **・・・** をタップして＜次に再生＞をタップすれば、アルバム内の曲すべてを登録することができます。

● 登録済みの曲がすべて再生された あとに再生する曲を追加する

**1** 再生したい曲の右端にある … をタップします。

**2** ＜"次はこちら"に追加＞を タップします。

**3** 「追加済み」と表示されます。

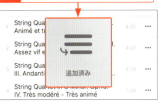

## Memo

### 「次に再生」と「"次はこちら" に追加」の違い

「次に再生」も「"次はこちら"に 追加」も、「次はこちら」リストに 曲を追加するための機能です。前 者は、リストの先頭に、後者はリス トの最後に曲を追加します。「次 はこちら」リストが空のときは、どち らも同じ結果になります。

## Memo

### 新しい曲を聴く

「次はこちら」リストに曲を登録して いる状態で、別の音楽を再生しよ うとすると、以下のようなポップアッ プが表示されます。「次はこちら」 に追加済みの曲を残すか削除する か選択できます。

第3章 Apple Musicの詳細な使い方を知ろう

● **「次はこちら」画面で再生予定の曲のリストを操作する**

**1** ここをタップして、再生画面を開きます。

**2** ≡をタップすると、

**3** 「次はこちら」画面が開きます。

**4** 曲の横にある≡をドラッグすると、

**5** 順番を入れ替えることができます。

### 📝 Memo

**履歴を表示する**

手順 3 で画面を下にスクロールすると、以前に再生した曲の履歴が表示されます。前に聴いた曲はタイトルは何だっけ?というときにかんたんに調べることができます。

● マイミュージックの曲を追加する

P.54を参考に「次はこちら」リストを表示しておきます。

**1** <追加>をタップします。

次の曲をすべて削除できます。

**2** ここでは<アルバム>をタップします。

**3** +をタップします。

アルバムをタップして曲単位で追加することもできます。

**4** <完了>をタップします。

+が✓に変わります。

**5** 「次はこちら」に曲が追加されます。

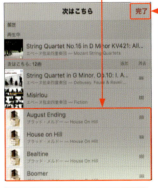

**6** <完了>をタップして再生画面に戻ります。

第3章 Apple Musicの詳細な使い方を知ろう

Section 20

# Apple Musicの
# 画面構成を確認しよう

Apple Musicには「For You」や「New」「Radio」「Connect」といった機能が用意されています。ここで各機能の概要を押さえておきましょう。

### Apple Musicの画面構成

「ミュージック」の画面の下には、「For You」や「New」「Radio」「Connect」「My Music」の5つのボタンがあります。ボタンをタップすると、それぞれのコンテンツに切り替わります。「For You」と「New」の2つは、Apple Music の登録ユーザーだけが利用できます。

※「My Music」についてはSec.16参照。

| For You （Sec.21参照） |
| --- |
| ユーザーの好みに合いそうなアーティストやアルバム、プレイリストを、AppleMusicがおすすめしてくれる機能です。ユーザーの好みは、AppleMusicを開始したときの設定がベースになっていますが、それだけでなく実際に聴いたり、ラブを付けたりしたすることでも学習されていきます。For Youの内容は1日に数回更新され、開くたびに音楽との新しい出会いが待っています。 |
| New （Sec.22参照） |
| ミュージックエキスパートがピックアップしたその日のおすすめや新着の音楽、注目のミュージックビデオなどが表示されます。また気分に合わせた音楽を再生するための「アクティビティプレイリスト」や、専門家による選曲の「CURATORプレイリスト」など、数多くのプレイリストが用意されています。初期状態では「全てのジャンル」が表示されていますが、ジャンルを選んで表示することができます。 |
| Radio （Sec.23参照） |
| 世界中のどこでも楽しめるインターネットラジオです。中でも「Beats 1」は、ロサンゼルス、ニューヨーク、ロンドンのスタジオから、世界100か国以上に向けてオンエアされている生のラジオで、毎日24時間楽しむことができます。内容はすべて英語ですが、独占インタビューやゲストホスト、音楽業界の最新情報など、音楽の話題で満載です。 |
| Connect （Sec.25参照） |
| アーティストの発信する新譜情報や、最新のビデオクリップなどが投稿されます。アーティストの投稿に、コメントをしたり、ラブを付けたり、またFacebookやTwitter、メールなどで共有して楽しむこともできます。初期状態では、マイミュージックに追加した曲のアーティストは、自動的にフォローされています。アーティストのプロフィールページから手動でフォローすることもできます。 |

| For You | New |
|---|---|
|  |  |

| Radio | Connect |
|---|---|
|  |  |

第3章 Apple Musicの詳細な使い方を知ろう

Section 21

# For Youを活用しよう

For YouでApple Musicがおすすめする音楽を発見しましょう。実際に聴く音楽により、For Youの内容はどんどん自分好みの内容にカスタマイズされます。

## プレイリストやアルバムを再生する

**1** ＜ For You ＞をタップして、

**2** ▶をタップします。

**3** 再生を開始します。

### Memo

**好き嫌いを伝える**

For Youでは実際に音楽を聴いたり、ラブを付けることで好みを伝えることができます。また好きではないアイテムを伝えることもできます。アイテムを軽く長押しすると、ポップアップが開くので、＜このおすすめは好みではありません。＞をタップするだけです。また、For Youのトップページを下方向にドラッグすると、リストを手動で更新できます。

● **プレイリストやアルバムを表示する**

**1** プレイリスト（またはアルバム）をタップします。

**2** 内容が表示されます。

ここをタップして再生できます。

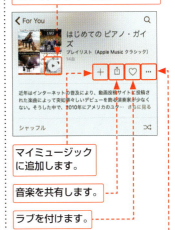

マイミュージックに追加します。

音楽を共有します。

ラブを付けます。

その他の操作を行います（Memo参照）。

## 💡 Hint

### 内容をプレビューする

iPhone 6s や iPhone 6s Plusでは、アルバムやプレイリストを押し込んでプレビューを表示できます。その状態で上にスクロールして、「再生」や「シャッフル」、「マイミュージックに追加」などの操作を実行できます。

## ✏️ Memo

### その他の操作を行う

手順 **2** で … をタップすると、音楽を「次はこちら」に追加したり、プレイリストに追加したり（アルバムの場合のみ）、ほかのユーザーと共有したりできます。

第3章 Apple Musicの詳細な使い方を知ろう

# Section 22

# Newから音楽を再生しよう

Newには、その日のおすすめがジャンル別にピックアップされています。注目の曲や新着ソング、プレイリストなど、おすすめの音楽を聴いてみましょう。

## Newの音楽を再生する

**1** ＜ New ＞をタップします。

**2** ＜注目トラック＞をタップします。

タップすると再生を開始します。

**3** 注目トラックのリストが表示されます。

**4** 聴きたい曲をタップすると、再生を開始します。

### Memo

**曲単位で再生する**

1曲のみのトラックには、▶ボタンが表示されていません。アートワークや曲名部分をタップすると、再生を開始します。

### Memo

**新着やトップソングも見つかる**

Newのトップページを下にスクロールすると、プレイリストや新着ソング、トップソング、おすすめビデオなどが表示されます。

● ジャンルを選択する

**1** ＜すべてのジャンル＞をタップします。

**2** ジャンルを選択します。

| ジャンル | キャンセル |
| --- | --- |
| 全てのジャンル | |
| J-Pop | |
| K-Pop | |
| R&B／ソウル | |
| アニメ | |
| エレクトロニック | |
| オルタナティブ | |
| クラシック | |
| サウンドトラック | |
| ジャズ | |

**3** ここでは＜ジャズ＞をタップします。

**4** 選択したジャンルのおすすめが表示されます。

▶やアートワーク、曲名をタップすると再生を開始します。

### Memo

### アルバムやプレイリストの内容を表示する

アルバムやプレイリストのように、複数の曲を含んでいるアイテムには、▶が表示されます（一部を除く）。サムネイルの画像や曲名をタップすると、内容を表示できます。iPhone 6sやiPhone 6s Plusなら、強く押し込むことでプレビューが表示されます。

### ● プレイリストを選択して再生する

**1** Newのトップページを開きます。

**2** ＜アクティビティ プレイリスト＞をタップします。

**3** アクティビティを選びます。ここでは＜おもてなし＞をタップします。

**4** 選択したアクティビティ向けのプレイリストが表示されます。

**5** アイテムをタップすると、

**6** プレイリストの内容が表示されます。

**7** ▶をタップしてプレイリストを再生します。

タップすることで、プレイリストをマイミュージックに追加できます。

聴きたい曲をタップしても再生できます。

タップすることで、プレイリストの内容をシャッフル再生できます。

### ジャンル別のプレイリストを見つける

**1** Newのトップページを開きます。

**2** ＜Apple Editor プレイリスト＞をタップします。

**3** ジャンルをタップします。ここでは＜クラシック＞をタップします。

**4** おすすめが表示されます。

**5** ＜プレイリスト＞をタップします。

**6** プレイリストの一覧が表示されます。

タップしてプレイリストの内容を表示できます。

### Memo

#### プレイリストを検索する

画面上部の🔍をタップして検索機能を使うと、キーワードでプレイリストを検索できます。たとえば集中したいときの音楽を探したいなら、「集中」というキーワードを入力してみましょう。検索結果に表示される＜プレイリスト＞をタップすると、プレイリストの一覧を表示して、目的のプレイリストを検索できます。

## Section 23

# Radioを活用しよう

Apple Musicでしか聴けないライブのラジオ番組「Beats 1」や、好きなジャンルの音楽をノンストップで聴くことができるラジオ番組を楽しんでみましょう。

### Beats 1を聴く

**1** < Radio >をタップして、

**2** <今すぐ聴く>をタップします。

**3** Beats 1 が開始されます。

■をタップするとBeats 1 を停止できます。

### Memo

**番組表を見る**

手順 3 の画面で画面を上にスクロールすると、番組表やメイン DJ（Anchors）、ゲストの情報などが表示されます。

### Memo

**再生画面でできること**

Beats 1 はライブラジオのため、曲のスキップや一時停止ができません。再生画面を表示しても、曲の操作は制限されます。Apple Music にある曲であれば、ラブを付けたり、マイミュージックに追加したりといったことも可能です。

● ジャンル別のラジオ番組を聴く

**1** ＜ Radio ＞のトップページを上にスクロールして、

**2** 聴きたいジャンルのラジオステーションをタップします。

**3** ステーションが再生されます。

**4** ここをタップします。

**5** 再生画面が表示されます。

ここをタップすると曲をスキップできます。

Memo 参照。

### Memo

#### 次に再生される曲を見る

手順 **5** の画面で ≡ をタップすると、「次はこちら」が表示されて次にかかる曲を確認できます。

### Hint

#### 最近再生したステーションを開く

過去に再生したことのあるステーションは、Beats 1 のトップページのすぐ下にある＜最近再生されたステーション＞から探すことができます。

第3章 Apple Music の詳細な使い方を知ろう

Section 24

# アーティストや曲から ステーションを作成しよう

ステーション機能を利用すると、自分だけのラジオ番組を作成できます。好きな曲、アルバム、アーティストを選ぶだけで、それらと似た曲が次々に再生されます。

● 再生中の曲に関連性のあるステーションを作成する

P.33 を参考にあらかじめ曲の再生画面を表示しておきます。

**1** …をタップします。

**2** (●)をタップします。

**3** ステーションが作成されます。

♡が☆に変わります（Memo 参照）。

**4** スキップボタンをタップすると、似ている曲が次々に再生されます。

### Memo

**似ていない曲を再生する**

ステーションを開始すると、♡が☆に変わります。☆をタップすると、かかっている曲と似た曲を再生するか、または似ていない曲を再生するか選べます。また iTunes Store にあるものは「ウィッシュリスト」を作成することもできます。

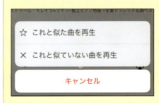

### ● アルバムやアーティストからラジオを再生する

P.38を参考にアルバムやアーティストのページを表示します。

**1** …をタップします。

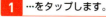

**2** ((•))をタップします。

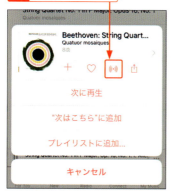

**3** ステーションが作成されます。

**4** ここをタップします。

**5** 今かかっている曲の再生画面が表示されます。似ている曲が次々に再生されます。

第3章 Apple Musicの詳細な使い方を知ろう

67

## Section 25

# Connectを利用しよう

Connectでは、アーティストたちが発信する情報にコメントを投稿したり、ラブを付けたりできます。また、最新のビデオクリップなどを表示して、再生できます。

### 音楽を再生する

**1** ＜Connect＞をタップします。

**2** 画面を上にスクロールして、

**3** 投稿画面にある▶をタップします。

**4** 曲の再生が始まります。

### Memo

**ラブやコメントを付ける**

投稿画面にある♡や◯をタップすると、ラブを付けたり、コメントを投稿したりできます。

### Memo

**動画を再生する**

投稿にはアルバムや曲、プレイリストのほか、ミュージックビデオが表示されることもあります。この場合も▶をタップするだけで再生できます。

# 紙面版 電脳会議 一切無料
## DENNOUKAIGI

## 今が旬の情報を満載してお送りします!

『電脳会議』は、年6回の不定期刊行情報誌です。A4判・16頁オールカラーで、弊社発行の新刊・近刊書籍・雑誌を紹介しています。この『電脳会議』の特徴は、単なる本の紹介だけでなく、著者と編集者が協力し、その本の重点や狙いをわかりやすく説明していることです。現在200号に迫っている、出版界で評判の情報誌です。

## 毎号、厳選ブックガイドもついてくる!!

『電脳会議』とは別に、1テーマごとにセレクトした優良図書を紹介するブックカタログ（A4判・4頁オールカラー）が2点同封されます。

# 電子書籍を読んでみよう！

**技術評論社　GDP**　　検索

と検索するか、以下のURLを入力してください。

## https://gihyo.jp/dp

**1** アカウントを登録後、ログインします。
【外部サービス（Google、Facebook、Yahoo!JAPAN）でもログイン可能】

**2** ラインナップは入門書から専門書、趣味書まで1,000点以上！

**3** 購入したい書籍を 🛒 カート に入れます。

**4** お支払いは「**PayPal**」「**YAHOO!**ウォレット」にて決済します。

**5** さあ、電子書籍の読書スタートです！

● **ご利用上のご注意**　当サイトで販売されている電子書籍のご利用にあたっては、以下の点にご留意くだ
■ **インターネット接続環境**　電子書籍のダウンロードについては、ブロードバンド環境を推奨いたします。
■ **閲覧環境**　PDF版については、Adobe ReaderなどのPDFリーダーソフト、EPUB版については、EPUBリー
■ **電子書籍の複製**　当サイトで販売されている電子書籍は、購入した個人のご利用を目的としてのみ、閲覧、保
ご覧いただく人数分をご購入いただきます。
■ **改ざん・複製・共有の禁止**　電子書籍の著作権はコンテンツの著作権者にありますので、許可を得ない改ざ

# Software Design WEB+DB PRESS も電子版で読める

## 電子版定期購読が便利!

くわしくは、
「Gihyo Digital Publishing」
のトップページをご覧ください。

# 電子書籍をプレゼントしよう!

Gihyo Digital Publishing でお買い求めいただける特定の商品と引き替えが可能な、ギフトコードをご購入いただけるようになりました。おすすめの電子書籍や電子雑誌を贈ってみませんか?

**こんなシーンで…**　●ご入学のお祝いに　●新社会人への贈り物に　……

● **ギフトコードとは?**　Gihyo Digital Publishing で販売している商品と引き替えできるクーポンコードです。コードと商品は一対一で結びつけられています。

**くわしいご利用方法は、「Gihyo Digital Publishing」をご覧ください。**

-ソフトのインストールが必要となります。
　印刷を行うことができます。法人・学校での一括購入においても、利用者1人につき1アカウントが必要となり、他人への譲渡、共有はすべて著作権法および規約違反です。

# 電脳会議
## 紙面版
## 新規送付のお申し込みは…

ウェブ検索またはブラウザへのアドレス入力のどちらかをご利用ください。
Google や Yahoo! のウェブサイトにある検索ボックスで、

電脳会議事務局 検索

と検索してください。
または、Internet Explorer などのブラウザで、

**https://gihyo.jp/site/inquiry/dennou**

と入力してください。

「電脳会議」紙面版の送付は送料含め費用は一切無料です。
そのため、購読者と電脳会議事務局との間には、権利&義務関係は一切生じませんので、予めご了承ください。

### 技術評論社　電脳会議事務局
〒162-0846　東京都新宿区市谷左内町21-13

● プレイリストを開いて再生する

**1** アイテムをタップします。

タップすると再生できます。

**2** プレイリストの内容が表示されます。

**3** 好きな曲をタップして再生できます。

マイミュージックへ追加します。

シャッフル再生します。

## Memo

### アーティストをフォローする

マイミュージックに追加したアーティストは自動的にフォローされます。ほかのアーティストをフォローしたいときは、アーティストを検索してから、アーティストのページにある＜フォロー＞をタップします。フォローを外したいアーティストがいるときは、ページ左上の●をタップして、＜フォロー中＞をタップしてから、アーティスト名の横にある＜フォローをやめる＞をタップします。

# Section 26

# プレイリストを作成しよう

Apple Musicにある曲や、自分のライブラリの曲を組み合わせて、お気に入りのプレイリストを作成してみましょう。友だちと共有することもできます。

## プレイリストを新規作成する

**1** ＜My Music＞をタップして、

**2** ＜プレイリスト＞をタップします。

**3** ＜新規プレイリスト＞をタップします。

**4** ＜曲を追加＞をタップします。

**5** ここでは＜曲＞をタップします。

マイミュージックやApple Musicの曲を検索できます。

**6** ＋をタップして、プレイリストに曲を追加します。

タップすると、✓に変わります。

**7** ＜完了＞をタップします。

**8** ここをタップして、

Hint参照。

**9** プレイリストにタイトルを付けます。

**10** <完了>をタップします。

### Hint

**アートワークを変更する**

手順8の画面で📷をタップすると、アートワークを変更できます。写真を撮るか、またはフォトライブラリからイメージを選択できます。

**11** プレイリストが作成されます。

### Memo

**曲やアルバムから
プレイリストを作成する**

曲やアルバムの横にある…をタップして、<プレイリストに追加>をタップしてから、<新規プレイリスト>をタップしても新しいプレイリストを作成できます。

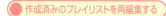
## 作成済みのプレイリストを再編集する

**1** 作成したプレイリストをタップします。

**2** プレイリストの内容が表示されます。

**3** ＜編集＞をタップします。

**4** 曲の横にある■をドラッグすると、

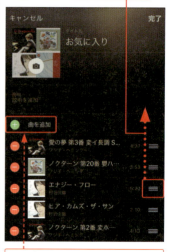

タップすると、新しい曲を追加できます。

**5** 曲順を変更できます。

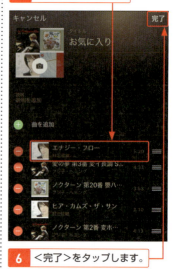

**6** ＜完了＞をタップします。

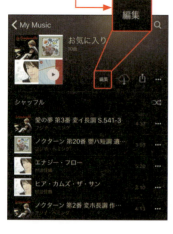

**7** プレイリストの内容が更新されます。

● プレイリストに登録した曲をリストから削除する

左ページを参考にプレイリストを編集状態にします。

**1** ●をタップします。

**2** <削除>をタップします。

**3** 曲が削除されます。

**4** <完了>をタップします。

第3章 Apple Musicの詳細な使い方を知ろう

● **プレイリストを削除する**

**1** プレイリストを表示して、

**2** …をタップします。

**3** ＜マイミュージックから削除＞をタップします。

**4** ＜マイミュージックから削除＞を再度タップします。

**5** プレイリストが削除されます。

> **Memo**
>
> **プレイリストを共有する**
>
> 手順 **2** で □ をタップすると、「メッセージ」や「メール」、「Twitter」や「Facebook」などを利用して、作成したプレイリストをほかのユーザーと共有できます。
>
>

# 第 4 章

# iTunesを使って音楽CDの曲をiPhone／iPadに転送しよう

- 27 iTunesを使った転送の手順を知ろう
- 28 iTunesを使って音楽CDの曲をパソコンに取り込もう
- 29 CDから取り込む曲の音質を変更しよう
- 30 アルバムアートワークを設定しよう
- 31 パソコンからiPhone／iPadへ音楽を転送しよう
- 32 iTunesで曲を再生してみよう
- 33 ほかのパソコンから音楽ファイルを移そう
- 34 不要な曲を削除しよう

# Section 27

# iTunesを使った転送の手順を知ろう

Apple Musicにない音楽は、iTunesを利用して自分で追加できます。この章では、iTunesで音楽を取り込んだり、転送したりする方法を紹介します。

### 音楽ファイルを取り込む

Apple Musicにない音楽を、iPhoneやiPadに転送するにはパソコンのiTunesを使います。なお、iTunesはMacに標準でインストールされていますが、Windowsの場合は、AppleのWebサイトからインストールする必要があります（P.174参照）。

音楽を取り込むには、音楽CDをパソコンにセットして、ファイルに変換します。iTunesでは、音質を決めるビットレートを自由に変更できるほか、高音質に取り込むためAppleロスレスや非圧縮のWAVやAIFF形式を選択することもできます。

なお、すでにパソコンにある音楽や、ほかのパソコンにある音楽を、iTunesに取り込むことも可能です。

iTunesを起動したら、①をクリックします。

①をクリックすると、サインイン画面が表示されるので、サインインします。

| 音楽ファイルがない |

| 音楽CDを音楽ファイルに変換する |

| 音楽ファイルをiTunesに取り込む | → Sec.28 参照

| 音楽ファイルがある |

| 音楽ファイルをiTunesに移す | → Sec.33 参照

● 取り込んだ音楽を操作する

取り込んだ音楽は、iTunesのマイミュージックに追加されます。音楽には、Apple Musicから追加したアイテムと同じように、アルバムアートワーク（ジャケット写真）を付けることができます。アルバムアートワークは、iTunesで取得できるほか、自分で用意した画像を貼り付けることができます。

マイミュージックには、Apple Musicから追加した音楽もいっしょに表示され、すべての音楽をまとめて楽しめます。不要になった音楽やプレイリストは、マイミュージックからいつでも削除できます。その際、オリジナルのコピーを残したまま、ライブラリから削除することや、あるいはオリジナルのコピーをごみ箱に削除するといった操作が選べます。

マイミュージックでは、パソコンに取り込んだアイテムやApple Musicから追加したアイテムを管理できます。

🟠 **音楽を転送する**

iCloudミュージックライブラリを利用すれば、iTunesに取り込んだ音楽は、iCloudミュージックライブラリを利用しているすべての端末に自動で転送されます。iTunes Storeにサインインすると、iCloudミュージックライブラリも自動でオンになるので、iTunesに取り込んだ音楽は、何もしなくてもiPhoneやiPadに自動で転送されます。

しかし、iCloudミュージックライブラリを利用すると、Apple Musicにある音楽はAAC 256kbpsの音楽に変更されます。また曲名やアルバム名なども、Apple Musicにあるものと差し替えられます。取り込んだ音楽と同じ音質、同じ曲情報で楽しみたいという人にとって、これはデメリットです。「ミュージック」以外のアプリで音楽を再生したいといった理由から、音楽にDRM保護が付くのを避けたいと考える人もいるかもしれません。

このようなときは、iPhoneとパソコンをケーブルで接続して同期することもできます。ただしiTunesから同期するには、いったんiCloudミュージックライブラリを無効にしなければなりません。同期が完了したら、ふたたびiCloudミュージックライブラリをオンにすることで、Apple Musicから追加した音楽がライブラリに表示されます。しかしオフライン再生用に保存していた音楽はすべて再ダウンロードが必要です。

このようにどちらの方法にも一長一短があるので、自分のライブラリをどのように使いたいかで、適切な方法を選ぶようにしましょう。

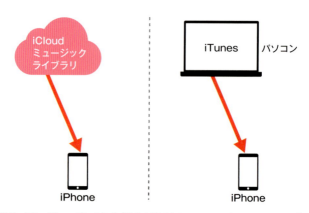

転送方法は、iCloudミュージックライブラリを利用するか、iPhoneとパソコンをケーブルで接続し、iTunesを利用して同期するかの2種類があります。

音楽の転送（同期）については、これまで解説してきたように、注意が必要です。それぞれの特徴をまとめましたので、参考にしてください。

### iCloud ミュージックライブラリの特徴

・自動で転送できる。
・ストリーミング再生で楽しめる。
・Apple Music にある曲は AAC 256kbps に変換される（これはメリットでもあり、デメリットでもあり、利用者によってその捉え方は異なる）。
・オフライン再生するにはダウンロードが必要である。
・Apple Music にある曲をダウンロードすると DRM が付く。

### iTunes による手動同期の特徴

・音質や曲情報を変更せずに転送できる。
・DRM フリーのまま転送できる。
・転送したすべての曲をオフライン再生できる。
・iCloud ミュージックライブラリをオフにするたび、オフライン再生用に保存した音楽がすべて削除される。

### 2 種類の転送方法を使いわける

自動で転送する

iCloud ミュージックライブラリを使う → P.88 参照

手動で転送する（取り込んだ音楽は取り込み時の音質で聴きたい）

STEP1　iCloud ミュージックライブラリをオフ → P.90 参照

↓

STEP2　iPhone とパソコンをつないで同期 → P.91 参照

↓

STEP3　iCloud ミュージックライブラリをオン → P.93 参照

# Section 28

## iTunesを使って音楽CDの曲をパソコンに取り込もう

CDの曲をパソコンに取り込んでみましょう。光学ドライブに音楽CDをセットして、取り込みを実行します。アルバム名や曲名は自動で入力されます。

### 音楽CDを取り込む

**1** iTunesを起動します（Windowsの場合はデスクトップショートカットアイコンを、Macの場合はDockのiTunesアイコンをダブルクリック）。

**2** 音楽CDをパソコンの光学ドライブにセットします。

**3** 音楽CDをインポートするか聞かれるので、＜はい＞をクリックします。

**4** 取り込みを開始します。

しばらく待っていると取り込みが終了します。

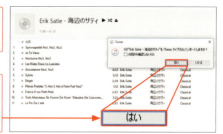

● 音楽CDを取り出す

1 ▲をクリックします。

2 ライブラリが表示されます。

取り込んだ音楽が表示されています。

### Memo

**取り込んだ音楽の音質**

音楽CDを取り込むと、AAC 256kbpsのファイルが作成されます。これはiTunes Storeで販売されている「iTunes Plus」と同じ仕様です。必要なら、音質を変えたり、MP3などほかの形式で取り込んだりできます。詳しくはSec.29で紹介しています。

### Memo

**確認画面が表示されない**

前ページの手順 3 の確認画面が表示されないときは、<インポート>ボタンをクリックします。音質を指定するための画面が表示されるので、<OK>をクリックして取り込みを開始します。

## Section 29

# CDから取り込む曲の音質を変更しよう

CDから取り込むと、初期設定では「iTunes Plus」と同じ音質になります。ファイルサイズは大きくなりますが、必要ならより高音質で取り込むこともできます。

### ビットレートを変更する

1. ここ（Macはファイル）をクリックし、

2. <設定>（Macは<環境設定>）をクリックします。

3. <インポート設定>（Macは<読み込み設定>）をクリックします。

4. < iTunes Plus >をクリックします。

ビットレートの情報が表示されています。

Memo参照。

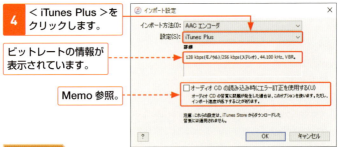

### Memo

**エラー訂正とは**

エラー訂正は、読み込みがうまくいかなかったときに試すオプションです。読み取りエラーを修正しながら読み込みます。必要に応じてオンにしてください。

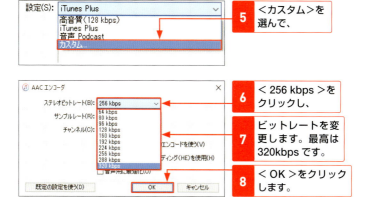

## Hint

### ほかの形式で取り込む

前ページの手順 4 で「インポート方法」の< AAC エンコーダ>をクリックすると、Apple ロスレスや MP3、非圧縮の WAV (Mac は AIFF) といったファイル形式を選ぶことができます。Apple ロスレスなら、ファイルサイズは大きくなりますが、より高音質で取り込むことができます。

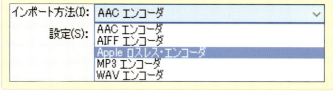

## Section 30

# アルバムアートワークを設定しよう

音楽を探しやすくするために、アルバムアートワークを付けてみましょう。iTunesで取得できなくても、自分で用意した画像を貼り付けることができます。

### ● iTunesでアルバムアートワークを取得する

**1** ここ（Macは＜ファイル＞）をクリックし、

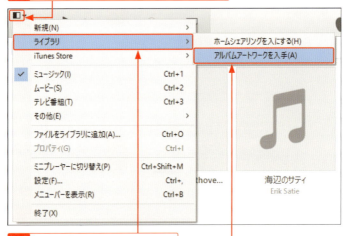

**2** ＜ライブラリ＞をクリックして、

**3** ＜アルバムアートワークを入手＞をクリックします。

**4** ＜アルバムアートワークを入手する＞をクリックします。

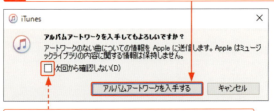

ここをチェックすると、次回から確認が表示されません。

**5** この画面が表示されたら<OK>をクリックします。

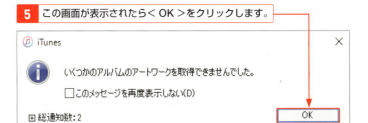

**6** アルバムアートワークが適用されます。

アルバムアートワークが適用されないアルバムもあります。

> **Memo**
>
> ### iTunes Storeへのサインインが必要
>
> アルバムアートワークの入手は、インターネット接続環境で行う必要があります。また、iTunes Store へのサインインが必要です。Apple ID とパスワードを入力して、サインインを行ってください。なお、アルバムアートワークが適用されないアルバムもあります。

● アルバムアートワークを手動で付ける

あらかじめインターネットなどからアートワークを保存しておきます。

**1** アルバムアートワークを付けたいアルバムを右クリックし、

**2** メニューから＜プロパティ＞（Macは＜情報を見る＞）をクリックします。

**3** ＜項目を編集＞をクリックします。

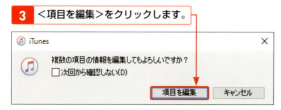

| 4 | <アートワーク>をクリックして、 |
|---|---|

| 5 | 保存しておいたアートワークをドラッグ＆ドロップします。 |
|---|---|

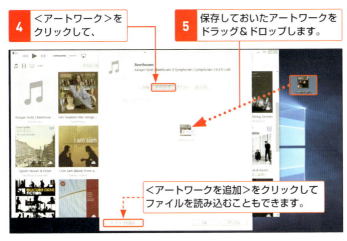

<アートワークを追加>をクリックしてファイルを読み込むこともできます。

| 6 | < OK >をクリックします。 |
|---|---|

| 7 | アートワークが適用されました。 |
|---|---|

## Section 31

# パソコンからiPhone／iPadへ音楽を転送しよう

iTunesに取り込んだ音楽をiPhone／iPadに転送します。iCloudミュージックライブラリを利用するか、またはケーブル接続で同期する方法が選べます。

### iCloudミュージックライブラリを使って、iPhoneへ転送する

iTunes を起動しておきます。

1. ここ（Macは＜iTunes＞）をクリックし、

2. ＜設定＞をクリックします。

3. 「一般環境設定」の画面が表示されます。＜iCloudミュージックライブラリ＞がオンになっていることを確認します。オフになっていればオンにします。

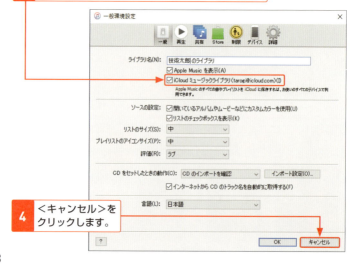

4. ＜キャンセル＞をクリックします。

**iPhoneで確認します。**

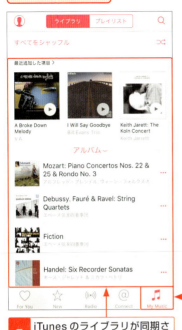

5 iPhoneの「ミュージック」を起動します。

6 ＜My Music＞をタップすると、

7 iTunesのライブラリが同期されていることが確認できます。

> **Memo**
>
> ### iCloudミュージックライブラリを利用する
>
> iTunes Storeにサインインすると、iCloudミュージックライブラリは自動でオンになります。この場合、iTunesに取り込んだ音楽は、iCloudミュージックライブラリを利用しているすべての端末に自動で転送されます。またほかの端末で追加した音楽があれば、iTunesのマイミュージックにも表示されます。

> **Memo**
>
> ### iCloudミュージックライブラリを更新する
>
> Altキーを押して、メニューを表示し、＜ファイル＞→＜ライブラリ＞→＜iCloudミュージックライブラリを更新＞とクリックします。転送されていない音楽があるときに、マイミュージックを更新できます。

● **iTunesに取り込んだ音楽を品質を変えずに転送する**

iPhone で操作します。

**1** iPhoneの<設定>をタップし、

**2** <ミュージック>をタップします。

**3** <iCloudミュージックライブラリ>をタップします。

**4** <オフにする>をタップします。

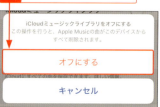

**5** オフになりました。

### ✎ Memo

**iCloudミュージックライブラリをオフにすると**

「ミュージック」アプリを起動して< My Music >を開くと、Apple Music から追加した音楽はすべて消えています。

iTunes を起動します。

**6** P.88 を参考に「一般環境設定」の画面を表示します。

**7** < iCloud ミュージックライブラリ>をオフにします。

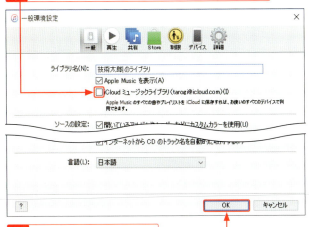

**8** < OK >をクリックします。

**9** Apple Music から追加した曲がすべて消えました。

**10** iPhone を iTunes に接続します。

**11** ここをクリックします。

**12** <ミュージック>をクリックします。

**13** <音楽を同期>をクリックして、オンにします。

**14** ここをクリックします。

☑ 音楽を同期 53 曲

○ ミュージックライブラリ全体
◉ 選択したプレイリスト、アーティスト、アルバム、およびジャンル

☑ ミュージックビデオを含める
☐ ボイスメモを含める
☐ 空き領域に曲を自動的にコピー

すべての曲を転送したいときはこちらを選択します。

**15** 転送したいアーティストやアルバムを選びます。

**16** <同期>をクリックします。

**17** iPhoneの「ミュージック」に音楽が転送されます。

## iPhoneを初めて接続したときは

iPhoneを初めてパソコンに接続すると、「iTunesと同期」という画面が表示されます。＜開始＞をクリックすると、「新しいiPhoneへようこそ」という画面が表示されるので、新しいiPhoneとして設定するか、またはバックアップから復元するかを選びます。また「このコンピュータが"○○のiPhone"上の情報にアクセスするのを許可しますか?」と表示されたら＜続ける＞をクリックします。iPhone側にも「このコンピュータを信頼しますか?」と表示されるので、＜信頼＞をタップします。

### ● iCloudミュージックライブラリを結合する

再びiPhoneで操作します。

**1** 「設定」を起動して、

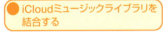

**2** ＜ミュージック＞をタップします。

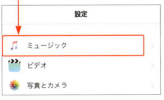

**3** ＜iCloudミュージックライブラリ＞をタップして、オンにします。

**4** <結合>をタップします。

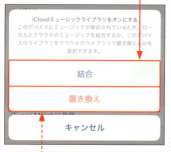

<置き換え>をタップすると、転送した音楽はすべて削除されます。

**5** <iCloudミュージックライブラリ>がオンになります。

**6** 「ミュージック」を起動します。

**7** < My Music >をタップします。

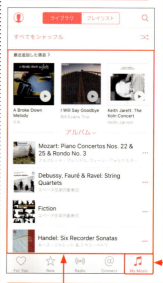

**8** iCloudミュージックライブラリの内容が表示されます。

## 📝 Memo

### ライブラリを置き換える

手順 **4** で<置き換え>をタップすると、マイミュージックの内容が、iCloudミュージックライブラリの内容に置き換えられます。iTunesから同期した音楽はすべて削除されます。

## 📝 Memo

### iTunesのiCloudミュージックライブラリをオンにする

すべての操作が終わったら、iTunesのiCloudミュージックライブラリをオンに戻します（P.90と逆の操作を行います）。これでiTunesのマイミュージックにもiCloudミュージックライブラリの音楽が表示されます。音楽CDから取り込んだ音楽なども、音質を変えることなく楽しむことができます。

## 音楽を再ダウンロードする

iCloudミュージックライブラリをオフにすると、オフライン再生用にダウンロードした音楽はすべて削除されます。前ページ手順 4 でライブラリを統合したあと、必要に応じて音楽を再ダウンロードします。「マイミュージック」を開いて、アルバムやプレイリストを開いたあと、アイコンをタップします。ただちにダウンロードを開始します。

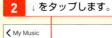

**2** ↓をタップします。

**1** ダウンロードしたいアイテムをタップします。

ダウンロードが完了したアイテムには、(iPhone) マークが付きます。

**3** ダウンロードが開始します。

Section 32

# iTunesで曲を再生してみよう

音楽の再生では、「ミュージック」アプリとほぼ同じことができます。また作業の邪魔にならないように、ミニコントロールを表示することもできます。

● 音楽を再生する

**1** アルバムをクリックします。

**2** 内容が表示されます。

シャッフル再生できます。

先頭から再生できます。

**3** 曲をクリックします。

| | |
|---|---|
| 前の曲にスキップします。 | 次の曲へスキップします。 |
| 再生を停止します。 | 音量を調節します。 |

**4** ▶をクリックします。

**5** 再生が始まります。

### Memo

**アルバムの先頭から再生する**

アルバムのアートワークをダブルクリックすれば、アルバムの先頭から再生を開始します。

### Memo

**プレイリストやApple Musicを利用する**

画面上部にある<プレイリスト>をクリックすると、マイミュージックに追加したプレイリストの一覧が表示されます。また< For You >や< New ><Radio >< Connect >をクリックして、Apple Music のコンテンツを利用することもできます。

第4章 iTunesを使って音楽CDの曲をiPhone/iPadに転送しよう

**並び順を変更する**

**1** ここをクリックすると、

**2** 音楽を表示する方法を選べます。＜アーティスト＞をクリックします。

**3** アーティスト別に表示されます。

### 📝 Memo

#### ほかのアルバムやConnectを表示する

アーティスト表示にすると、アーティストによっては「すべて」や「Connect」タブが表示されることがあります。「すべて」タブでは、アーティストのトップソングやアルバム、バイオグラフィ、関連のあるアーティストなどが見つかります。また「Connect」タブでは、アーティストの投稿などを表示できます。

● ミニプレーヤーを表示する

**1** ここにカーソルを合わせてクリックします。

**2** ミニプレーヤーに切り替わります。

**3** カーソルを近づけると各ボタンが表示されます。

ここをクリックすると、ミニプレーヤーが終了してiTunesの画面に戻ります。

**4** ここをクリックすると、

**5** さらにコンパクトになります。

# Section 33

# ほかのパソコンから音楽ファイルを移そう

MP3やAACファイルなど、過去に取り込んだ音楽ファイルがあるときは、そのままiTunesに読み込みます。複数のフォルダーもまとめて取り込むことができます。

## iTunes Mediaの設定を行う

1. ここ（Macは<iTunes>）をクリックして、
2. <設定>（Macは<環境設定>）をクリックします。

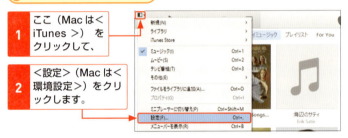

3. <詳細>をクリックし、
4. ここをクリックして、オンにします。
5. <OK>をクリックします。

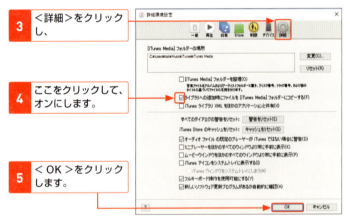

### 📝 Memo

**iTunes Mediaフォルダーを変更する**

iTunesに取り込んだファイルは、「iTunes Media」フォルダーに保存されます。「iTunes Media」フォルダーの場所は、手順 3 の画面で確認または変更できます（P.156参照）。

● フォルダーをドラッグ&ドロップする

**1** 音楽の入ったフォルダーを、iTunes のウィンドウへドラッグ&ドロップします。

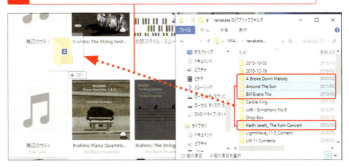

**2** 音楽が iTunes に登録されます。

### 💡 Hint

#### リンクを登録する

手順 **1** のドラッグ中に [Alt] キーを押すと、カーソルの表示が「コピー」から「リンク」に変わります。同じパソコン内にある曲を登録するときなどは、オリジナルのコピーが作られることでファイルが2つできてしまいます。そこでファイルの重複を避けるのに、リンクを登録します。ほかのパソコンから転送したいときなどで、コピー元のファイルを削除するなら、「リンク」ではなく「コピー」を作成しましょう。リンクだと、コピー元のファイルを削除したあと再生できなくなるので注意が必要です。

### 📝 Memo

#### iTunesのショートカットにドラッグ&ドロップする

デスクトップに iTunes のショートカットアイコンを作っている場合、このアイコンにフォルダーをドラッグ&ドロップしても追加できます。複数のフォルダーもまとめて追加できます。

**Section 34**

# 不要な曲を削除しよう

不要な音楽はマイミュージックから削除しましょう。聴かなくなった曲をごみ箱に削除したり、アルバム内の不要な曲をライブラリから除いたりできます。

## アルバムを削除する

**1** iTunesでアルバムを開いて(P.96参照)、

**2** …をクリックします。

オフライン再生のためにダウンロードした音楽を削除します。

**3** ＜削除＞をクリックします。

**4** ＜曲を削除＞をクリックします。

**5** オリジナルのコピーを残すかどうか聞かれます。

**6** ファイルを削除したいときは＜ごみ箱に入れる＞をクリックします。

ファイルを削除せずに残すこともできます。

**7** アルバムが削除されます。

## 第5章

# Apple Musicをもっと使いこなそう

- 35 Siriを使って再生や検索を行おう
- 36 曲にレートを付けて聴こう
- 37 キュレーターで検索してプレイリストを聴こう
- 38 イコライザを使って音楽を聴こう
- 39 曲やアルバムを購入しよう
- 40 気に入ったミュージックビデオを購入しよう
- 41 Bluetoothスピーカーを接続して音楽を楽しもう
- 42 Apple Musicのミュージックビデオをテレビでみよう
- 43 AirPlayを利用してApple Musicを視聴しよう
- 44 ファミリープランを利用して家族でApple Musicを楽しもう
- 45 ファミリー共有の設定を行おう
- 46 パソコンに保存した曲に歌詞を付けよう
- 47 ニックネームを設定しよう
- 48 好きなアーティストの編集を行おう
- 49 アーティストのフォローを編集しよう

# Section 35

## Siriを使って再生や検索を行おう

「○○の新曲を流して」などと話しかければ、SiriがApple Musicから音楽を探してくれます。気軽に話しかけて音楽を探しましょう。

### Hey Siriの設定を行う

**1** <設定>をタップし、

**2** <一般>をタップして、

**3** < Siri >をタップします。

**4** <"Hey Siri"を許可>をタップしてオンにします。

**5** <今すぐ設定>をタップします。

**6** 「Hey Siri」とiPhoneに向かって言います。

iPhoneに向かって、"Hey Siri"と言ってください

| 7 | もう一度、「Hey Siri」と言います。 |

| 8 | さらにもう一度、「Hey Siri」と言います。 |

| 9 | 「Hey Siri、今日の天気は?」と言います。 |

"Hey Siri、今日の天気は?"と言ってください

| 10 | 「Hey Siri、私です。」と言います。 |

次に、"Hey Siri、私です。"と言ってください

| 11 | <完了>をタップします。 |

"Hey Siri"の準備ができました

"Hey Siri"と話しかけると、Siriはいつでもあなたの声を認識します。

完了

| 12 | Hey Siri が設定されます。 |

### Memo

**Siriを有効にする**

Siri が無効になっている場合は、前ページ手順 4 の< Siri >を有効にします。

### Memo

**Siriを利用した便利な操作について**

Siri は音声認識機能を搭載した、バーチャルアシスタントのような存在です。「○○を再生して」「これに似た曲を流して」といった、自然な口調で「頼みごと」をするだけで、Siri が叶えてくれるのです。Siri をうまく使うことで、Apple Music の膨大な音楽をより身近に楽しむことができます。

● アーティストを指定して再生する

**1** 「Hey Siri」と話しかけます。

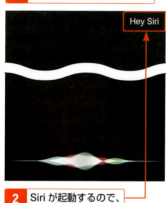

**2** Siri が起動するので、

**3** 「○○の新曲（音楽）を再生して」と話しかけます。

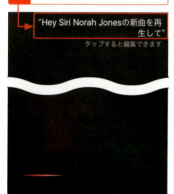

**4** 音楽の再生を開始します。

**5** ここをタップすると、

**6** 再生画面が表示されます。

### Memo

**曲名やアルバム名を指定して再生する**

「＜曲名＞を再生して」「＜アルバム名＞を再生」というように曲やアルバムを指定したり、「＜プレイリスト名＞を再生」と話しかけて、プレイリストを再生することも可能です。

● アルバムを追加する

**1** Siri を呼び出して、

"Hey Siri Coldplayの新しいアルバムをマイミュージックに追加して"
タップすると編集できます

**2** 「○○の新しいアルバムをマイミュージックに追加して」と話しかけます。

**3** アルバムが追加されました。

"Hey Siri Coldplayの新しいアルバムのマイミュージックに追加して"
タップすると編集できます

はい、コールドプレイのアルバム"A Head Full of Dreams"をライブラリに追加しました。

### Memo

### そのほかの操作

音楽を再生中にSiriを呼び出して、「これと似た曲を再生して」と言えばステーションを作成できます。音楽の再生を操作したい場合は、「次の曲」、「前の曲」、「再生をストップ」、「シャッフルして」などと話しかけます。

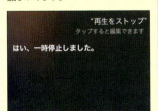

### Memo

### Siriに使い方を聞く

＜ホーム＞ボタンを押し続けると、Siri が起動します。「ミュージック」アプリで使えるコマンドの例を知りたいときは、「使い方教えて」と話しかけてみましょう。リストから＜ミュージック＞をタップすると、Apple Music での使用例が表示されます。

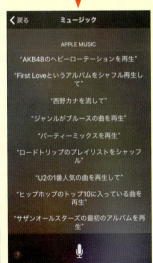

Section 36

# 曲にレートを付けて聴こう

マイミュージックに追加した曲には5段階でレートを付けることができます。高いレートを付けたお気に入りの曲だけをまとめて再生することが可能です。

## 曲にレートを付ける

**1** マイミュージックの曲を再生し、

**2** ここをタップします。

**3** 曲の再生画面を表示します。

**4** アートワークをタップします。

**5** ここをタップまたはスライドしてレートを付けます。

**6** 画面をタップすると曲名表示に戻ります。

### 📝 Memo

**レートを削除する**

レートはいつでも編集できます。曲の再生画面でレートを表示して、★が表示されている部分を左方向にスライドすると、レートを付けていない状態に戻すことができます。

## トップレートで音楽を聴く

**1** ＜My Music＞をタップします。

**2** ＜プレイリスト＞をタップします。

**3** ＜トップレート＞をタップします。

**4** ★★★★以上のレートを付けた曲が表示されます。

**5** ここをタップして再生できます。

## Memo

### 複数の曲にまとめてレートを付ける

再生画面を開いてレートを付けるのは少し面倒です。たくさんの曲にレートを付けたいときは、iTunesを使うと便利です。「曲」表示に切り替えてから、タイトル行を右クリックして、＜レート＞をクリックします。「レート」という列が表示されて、クリックしてレートを付けることができるようになります。1曲ずつレートを付けますが、iPhoneで操作するより効率的です。

# Section 37

## キュレーターで検索してプレイリストを聴こう

Apple Musicには音楽業界で活動するさまざまなキュレーターによるプレイリストが、多数用意されています。好みの音楽を発掘するのにもってこいです。

**1** Apple Music を起動して、< New >をタップします。

**2** < Curator プレイリスト>をタップします。

**3** キュレーターを選びます。

**4** 好みのプレイリストをタップします。

キュレーターをフォローすることができます。

**5** ここをタップして再生を開始します。

### 📝 Memo

#### Beats 1から検索する

Beats 1の画面にある「BEATS 1 ANCHORS」や「FEATURED SHOWS」でも、さまざまなキュレーターが見つかります。キュレーターをタップして、「プレイリスト」のタブに切り替えると、キュレーターの作成したプレイリストが表示されます。

# Section 38

## イコライザを使って音楽を聴こう

イコライザを変更すると、「ミュージック」アプリで聴く音楽の音質を変更することができます。よく聴く音楽のジャンルに合わせて設定してみましょう。

### イコライザを設定する

**1** iPhoneのホーム画面から「設定」を起動します。

**2** ＜ミュージック＞をタップします。

**3** ＜イコライザ＞をタップします。

**4** イコライザを選んで設定します。

### 📝 Memo

#### うるさい場所にぴったりの「Late Night」

手順 4 で＜Late Night＞を選ぶと、音の大きな部分の音量が下がり、静かな部分の音量が上がります。深夜だけでなく、雑音の多い環境で聴くのにぴったりです。なお「Late Night」は「ミュージック」だけでなく、「ビデオ」などのオーディオ出力にも適用されます。

## Section 39

# 曲やアルバムを購入しよう

聴き放題で楽しめるApple Musicですが、Apple Musicにないアイテムやアルバム曲もあります。そのようなときはiTunes Storeで購入しましょう。

● 曲を購入する

**1** < iTunes Store >をタップします。

**2** <検索>をタップします。

**3** ここをタップします。

**4** アーティスト名や曲名、アルバム名を入力します。

**5** <Search>(または<検索>)をタップします。

112

**6** 検索結果が表示されます。

**7** 購入したいアイテムをタップします。

**8** 価格をタップします。

曲をタップすると試聴できます。

ここをタップすると、アルバム全体を購入できます。

**9** ＜曲を購入＞をタップします。

**10** パスワードを入力するか、または指紋で認証して、購入します。

### 📝 Memo

#### コンプリート・マイ・アルバムを利用する

アルバムの中から曲を購入すると、アルバムの価格に「コンプリート・マイ・アルバム」と表示され、購入した曲の差額でアルバムを購入できるようになります。

# Section 40

## 気に入ったミュージックビデオを購入しよう

Apple Musicにないミュージックビデオが、iTunes Storeにあることもあります。そのようなときは、曲やアルバムと同様、iTunes Storeから購入できます。

| 9 | 価格をタップします。 |

ここをタップすると視聴できます。

| 10 | <ビデオを購入>をタップします。 |

| 11 | パスワードを入力するか、または指紋で認証して、購入します。 |

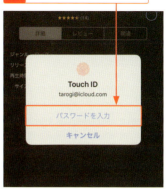

### Memo

**人気のミュージックビデオを見つける**

iTunes Storeのトップ画面で、<ランキング>をタップすると人気の曲が表示されます。画面をスクロールして「ミュージックビデオ」の横にある<全て見る>をタップすると、人気のミュージックビデオを見つけることができます。

### Memo

**購入したミュージックビデオを見る**

ミュージックビデオは、「ミュージック」のほか「ビデオ」アプリでも視聴できます。「ビデオ」を起動し、画面下にある<ミュージックビデオ>のタブをタップします。購入したミュージックビデオが表示されます。

Section 41

# Bluetoothスピーカーを接続して音楽を楽しもう

Bluetoothを利用して、Bluetoothスピーカーやカーナビと接続してみましょう。スピーカーから音楽を出力して、広がりのある音質で楽しむことができます。

● iPhoneとペアリングする

ここでは「SoundLink Mini Bluetooth speaker」(ボーズ)を使って、iPhoneと接続する手順を説明しています。

**1** スピーカーの電源をオンにします。

**2** スピーカーの「Bluetooth」ボタンを押して、検出可能状態にします。

**3** <設定>をタップします。

**4** <Bluetooth>をタップします。

**5** 接続するBluetooth機器をタップします。

**6** ペアリングが完了しました。

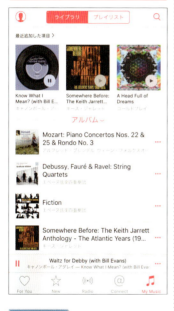

**7** 「ミュージック」を起動して音楽を再生すると、スピーカーから出力されます。

### Memo

#### ペアリングとは

Bluetooth機器とiPhoneを接続する作業を「ペアリング」と言います。1度ペアリングすると、2回目からはスピーカーの電源を入れるだけで自動で接続されます。ほかの機器を接続すると、ペアリングが解除されることがあります。この場合は、前ページ手順 **2** からの操作を再度行います。

### Memo

#### Bluetoothをオンにする

前ページ手順 **5** でBluetoothがオフの場合は、オンにしてから手順 **5** の操作を行います。

### Memo

#### スピーカーを検出可能な状態にする

前ページ手順 **2** の操作はスピーカーによって異なります。詳しくはスピーカーの取扱説明書を参照してください。

### Memo

#### カーナビと接続する

カーナビがBluetoothを搭載していれば、iPhoneと接続することもできます。iPhoneからカーナビを検出するか、またはカーナビからiPhoneを検出して接続します。詳しくはカーナビの取扱説明書を参照してください。

Section 42

# Apple Musicのミュージックビデオをテレビでみよう

Apple TV（第4世代）を使って、Apple Musicをテレビで楽しんでみましょう。Apple TVはApple Musicの機能を備えており、マイミュージックにも接続可能です。

## Apple TVを接続する

**1** HDMIケーブルをTVのHDMIポートに接続します。

**2** もう一方の端をApple TVのHDMIポートに接続します。

**3** テレビの電源を入れて、手順■で接続したHDMI入力に入力を切り替えます。

**4** 初めてApple TVを接続するとペアリングの画面が表示されます。

**5** リモコンのトラックパッドをクリックして、画面に従って設定を行います。

**6** ＜言語＞、＜国＞を選択し、

**7** Apple TVの設定画面が表示されたら、＜デバイスで設定＞を選択します。

| 8 | 画面の指示に従ってiPhoneのロックを解除して、iPhoneをApple TVに近づけます。 |

| 9 | iPhoneで＜続ける＞をタップします。 |

| 10 | Apple IDとパスワードを入力し、 |

| 11 | ＜OK＞をタップします。 |

| 12 | ＜OK＞または＜いいえ＞をタップします。 |

| 13 | AppleTVで、位置情報サービス、Siri、空撮スクリーンセーバの設定をします。 |

| 14 | 続けて、診断データと使用状況のデータをAppleに送信するか選択したら、 |

| 15 | 保証内容を確認し、＜同意する＞を選択します。 |

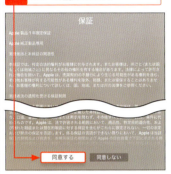

| 16 | 利用条件に関する注意が表示されます。 |

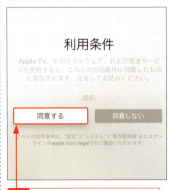

| 17 | ＜同意する＞を選択します。以上で設定は終了です。Apple TVのホーム画面が表示されます。 |

● Apple Musicを利用する

**1** リモコンで＜ミュージック＞を選択して、トラックパッドをクリックします。

**2** ＜ New ＞に切り替えて、

**3** トップミュージックビデオやトップ Connect ビデオを表示します。

**4** ミュージックビデオを選んでトラックパッドをクリックします。

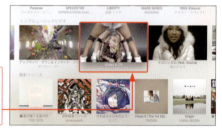

**5** ＜再生＞をクリックします。

ここをクリックするとマイミュージックに追加できます。

**6** ミュージックビデオの再生を開始します。

リモコンの＜ Menu ＞ボタンを押すと前の画面に戻ります。

● マイミュージックのミュージックビデオを再生する

**1** リモコンで＜マイミュージック＞に切り替えます。

**2** ＜iCloudミュージックライブラリをオンにする＞を選択し、トラックパッドをクリックします。

**3** マイミュージックが表示されます。

**4** ＜ミュージックビデオ＞を選択し、トラックパッドをクリックします。

**5** ミュージックビデオが表示されます。

**6** 再生したいアイテムを選択して、トラックパッドをクリックします。

**7** ビデオの再生を開始します。

### Memo

**検索する**

「検索」タブに切り替えれば、アーティストや曲を検索できます。好きなアーティストのアルバムやミュージックビデオを探したいときに利用しましょう。

Section 43

# AirPlayを利用して Apple Musicを視聴しよう

AirPlay対応のセットトップボックスやスピーカーがあれば、音楽やビデオを出力して楽しめます。iPhoneの画面をそのままテレビに映してみましょう。

## AirPlayを利用する

ここではAirPlayを利用して、Apple TVに接続します。

**1** iPhoneで画面の下を上方向にスライドします。

**2** ＜AirPlay＞をタップします。

**3** ＜Apple TV＞をタップします。

### 📝 Memo

#### AirPlayを利用するには

AirPlayを利用するには、Apple TVなどのAirPlay対応機器が必要です。AirPlay対応機器が近くにない場合、手順 **2** の＜AirPlay＞は表示されません。

**4** ＜ミラーリング＞をタップしてオンにします。

**5** テレビにiPhoneの画面が表示されます。

**6** iPhoneの画面で＜完了＞をタップします。

● ミュージックビデオを上映する

**1** iPhone で「ビデオ」を起動して、

**2** ミュージックビデオをタップします。

**3** 再生ボタンをタップします。

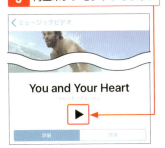

> **Memo**
>
> ### AirPlayでできること
>
> 「ミラーリング」では、iPhone の画面をそのままテレビに表示できます。また Apple TV ではなく、AirPlay 対応のスピーカーがあるときは、前ページ手順 **3** でスピーカーを選択します。音声を出力して楽しむことができます。

> **Memo**
>
> ### Apple Musicのビデオは再生できない
>
> AirPlay では Apple Music のミュージックビデオを再生できません。ミュージックビデオを再生したいときは、iTunes Store で購入したアイテムに限ります。

**4** テレビに映像が表示されます。

**5** iPhone の画面をタップして操作します。

**Section 44**

# ファミリープランを利用して家族でApple Musicを楽しもう

Apple Musicをファミリープランにアップグレードすると、最大6人のメンバーがそれぞれの端末でApple Musicを利用できるようになります。

## ファミリープランにアップグレードする

**1** ❶をタップします。

**2** ＜ファミリープランへアップグレード＞をタップします。

**3** ＜OK＞をタップします。

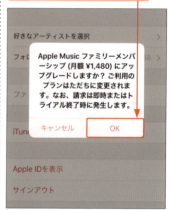

**4** パスワードを入力するか、または指紋で認証して、操作を完了します。

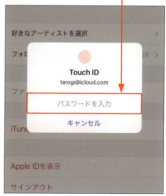

## ファミリー共有の設定を行う

### 1 前ページの続きです。＜続ける＞をタップします。

### 2 ＜次に進む＞をタップします。

### 3 ＜次に進む＞をタップします。

「承認と購入のリクエスト」を有効にして、20歳未満の未成年のファミリーメンバーの購入希望の際に保護者の承認を義務づけてください。

### 4 ＜位置情報を共有＞または＜あとで＞をタップします。

位置情報を共有

あとで

位置情報共有のしくみ

### 5 ファミリー共有の設定が完了します。

ここをタップすると、「ミュージック」に戻ります。

このあと、家族メンバーの設定をP.126で行います。

125

## Section 45

# ファミリー共有の設定を行おう

ファミリーメンバーシップの家族メンバーとしてApple Musicを利用するには、ファミリー共有で家族として設定する必要があります。

### 家族を追加する

ここでは、P.125からの続きで解説しています。

**1** ＜家族＞をタップします。

**2** ＜家族を追加＞をタップし、

**3** 家族のメールアドレスを入力し、

**4** ＜次へ＞をタップします。

**5** ＜登録内容を送信＞をタップします。

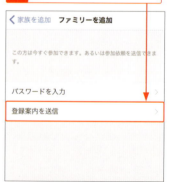

相手がそばにいるときは＜パスワードを入力＞をタップして、パスワードを入力してもらいます。

| 6 | 自分の Apple ID のパスワードを入力し、 |

| 7 | < OK >をタップします。 |

| 8 | 前ページ手順5の画面に戻るので、再度<登録内容を送信>をタップします。 |

| 9 | 登録の案内が送信されます。 |

### 📝 Memo

**共有の開始で画面が変わる**

相手がファミリー共有を開始すると、「登録案内済み」の表示が消え、またメールアドレスは名前に変わります。

● 家族として参加する

| 1 | 手順9で案内を送信した相手に、Apple から招待メールが届きます。 |

| 2 | <今すぐ始めよう>をタップし、 |

| 3 | <登録する>をタップします。 |

第5章 Apple Music をもっと使いこなそう

127

## 4 <確認>をタップし、

### アカウントの確認

ファミリー共有にこのアカウントを使用することを確認してください。名前と写真が家族と共有されます。

技術二郎
@icloud.com

確認

## 5 <次に進む>をタップします。

Apple ID @icloud.comを使ってiTunes、iBooks、および App Store で購入したアイテムが共有されます。

ファミリーメンバーは、あなたの購入済み音楽、映画、テレビ番組、ブック、および App を表示、ダウンロードできます。利用できるコンテンツは国や地域によって異なります。

次に進む

他のアカウントの購入アイテムを共有しますか？

## 6 利用規約を確認し、

< 購入アイテムを共有

### 利用規約

メールで送信

もし、お客様が新品のiOSデバイスをご購入され、本契約の各条項に同意されない場合、当該iOSデバイスを返却期間内に取得されたApple Store、または正規販売店へ返却の上、払い戻しを受けることができる場合があります。なおhttp://www.apple.com/jp/legalにおけるApple返品条件の制限を受けるものとします。

同意しない    同意する

## 7 <同意する>をタップします。

## 8 <同意する>をタップします。

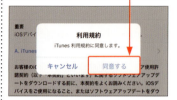

## 9 <位置情報を共有>または<あとで>をタップします。

## 10 ファミリー共有に参加しました。

● Apple Musicを利用する

ここでは、参加した側の操作を解説しています。

**1** 「ミュージック」を起動します。

**2** ＜ICLOUDミュージックライブラリを有効にする＞をタップします。

**3** P.24を参考にお気に入りのジャンルやアーティストを設定して、Apple Musicを始めます。

## Memo

### 家族が購入した曲をダウンロードする

ファミリー共有に参加すると、家族が購入した音楽やアプリも共有できます。音楽の場合は、「iTunes Store」を起動して、＜その他＞、＜購入済み＞の順にタップします。家族の名前をタップして＜ミュージック＞をタップすると、購入した音楽のリストが表示されるので、好きなアイテムをダウンロードします。

Section 46

# パソコンに保存した曲に歌詞を付けよう

歌詞を表示できれば、歌詞を見ながら音楽にひたったり、一人カラオケを楽しんだりすることができます。ここでは音楽に歌詞を追加する方法を紹介します。

## iTunesで歌詞を追加する

歌詞を追加するにはiTunesを利用します。音楽はあらかじめマイミュージックに追加しておきます。

1. 「iTunes」を起動します。
2. ＜マイミュージック＞をクリックし、
3. アルバムをクリックして、歌詞を追加したい曲を表示します。
4. 曲を右クリックして、
5. ＜プロパティ＞（Macは＜情報を見る＞）をクリックします。
6. ＜歌詞＞をクリックして、
7. 歌詞を入力します。
8. ＜OK＞をクリックします。
9. 歌詞が保存されます。

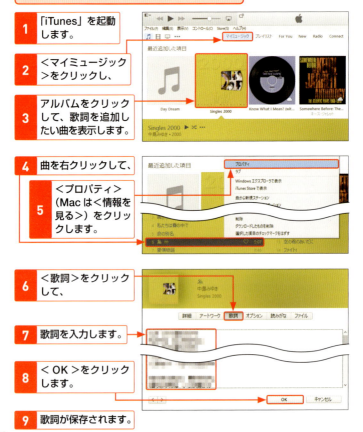

● 歌詞を表示する

**1** iPhoneで「ミュージック」を起動して、

**2** 曲の再生画面を表示します。

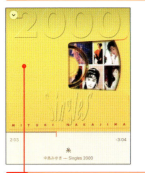

**3** アートワークをタップします。

**4** 歌詞が表示されました。

**5** 画面をタップするとアートワークに戻ります。

### StepUp

**歌詞を自動でダウンロードする**

ここでは、iCloudミュージックライブラリを利用して音楽を転送しています。iTunesと同期して転送したい場合は、P.90を参考に同期を行ってください。なお、たくさんの曲に歌詞を手作業で入力するのが面倒なら、「Lyrics Master 2」(http://www.kenichimaehashi.com/lyricsmaster/) などのフリーウェアを利用してもよいでしょう。iTunesとの連携機能を備えており、iTunesで音楽を再生するだけで、インターネットから歌詞を検索し、ダウンロードしてくれます。アルバム内にある曲を連続して読み込んで、歌詞を適用できる「連続モード」も備えています。

131

# Section 47

# ニックネームを設定しよう

プレイリストを共有したり、Connectでコメントを投稿したりするときに表示するニックネームを設定できます。本名が表示されて困るときに利用します。

## ニックネームを設定する

1. ⓘをタップします。
2. ここをタップします。
3. <編集>をタップします。
4. <@ニックネーム>をタップして、
5. ニックネームを入力します。
6. <完了>をタップします。

### Memo

#### ニックネームに使える文字

ニックネームには英数字とアンダースコアのみ利用でき、32文字以内で作成します。ほかのユーザーと同じニックネームを使うことはできません。

● プロフィール写真を変更する

アカウントを編集状態にします。

**1** ＜編集＞をタップします。

**2** 写真を読み込む方法を選びます。ここでは＜写真を選択＞をタップします。

**3** 写真を選びます。

**4** ドラッグやピンチイン／アウト操作で写真をトリミングします。

**5** ＜選択＞をタップします。

**6** 写真が設定されました。

**7** ＜完了＞をタップします。

### Memo

**写真を撮る**

手順 **2** で＜写真を撮る＞をタップすると、撮影画面となり、撮影すると、その写真が手順 **4** で表示されます。

# Section 48

## 好きなアーティストの編集を行おう

For Youに表示されるアイテムは、毎日変化します。自分の好みの音楽が表示されないときは、好きなアーティストの設定をリセットしてみましょう。

### 好きなアーティストを編集する

**1** ⦿をタップします。

**2** ＜好きなアーティストを選択＞をタップします。

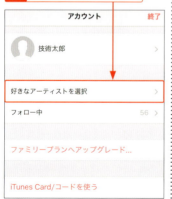

**3** 前回設定した内容が表示されます。

**4** ＜リセット＞をタップすると、

**5** 設定がリセットされます。

| **6** | お気に入りのジャンルを設定したら、 |

| **7** | <次へ>をタップします。 |

| **8** | 続けて、お気に入りのアーティストを設定します。 |

| **9** | <リセット>をタップして、 |

| **10** | お気に入りのアーティストを設定します。 |

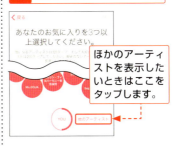

ほかのアーティストを表示したいときはここをタップします。

| **11** | お気に入りのアーテイストを設定し、 |

| **12** | <終了>をタップします。 |

| **13** | < For You >が表示されます。 |

### ✏ Memo

**聴いている音楽により変わる**

For You の内容は、マイミュージックにある音楽や実際に聴く音楽によっても変化します。またラブを付けることでも、好みを伝えることができます。

# Section 49

## アーティストのフォローを編集しよう

マイミュージックに曲を追加すると、アーティストが自動でフォローされます。アカウント画面ではフォローをやめたり、追加したりできます。

### フォローしているアーティストを編集する

**1** ①をタップします。

**2** <フォロー中>をタップします。

**3** フォロー中のアーティストが表示されます。

Hint参照。

**4** フォローをやめたいアーティストの<フォローをやめる>をタップします。

**5** フォローをやめました。

ここをタップすると前の画面に戻ります。

### 他のアーティストやキュレーターを探す

**1** ＜他のアーティストとCuratorを探す＞をタップします。

**2** おすすめのアーティストやキュレーターが表示されました。

**3** フォローしたいアーティストをタップします。

**4** アーティストをフォローしました。

**5** 画面左上の＜フォロー中＞をタップして前の画面に戻ります。

### 💡 Hint

#### 自動的にフォローする

手順 **1** の画面にある＜自動的にフォローする＞をタップしてオフにすると、マイミュージックに曲やアルバムを追加しても、アーティストを自動でフォローしなくなります。

### ✏ Memo

#### アーティストのページからフォローする

アーティストやキュレーターのプロフィールページにある＜フォロー＞をタップしても、アーティストをフォローできます。またフォロー中のアーティストの場合は、＜フォロー中＞と表示され、タップすることでフォローをやめることもできます。

# Geniusプレイリストを使う

Geniusプレイリストは、任意に選んだ曲を元に、似ている曲を集めてプレイリストを自動で作成します。Apple Musicが登場する以前はプレイリストの画面から作成できましたが、最新の「ミュージック」アプリには、Geniusプレイリストを作るためのメニューが見当たりません。しかし、なくなったわけではありません。Geniusプレイリストは次の方法で作成できます。

Geniusプレイリストは、マイミュージックに追加した曲から作成します。＜My Music＞をタップし、マイミュージックを開いたら、任意の曲を選んで曲名のとなりにある…をタップします。メニューが表示されるので、＜Geniusプレイリストを作成＞をタップすると、Geniusプレイリストが作成されます。最初に選んだ曲に雰囲気や曲調が合った音楽がピックアップされるので、いろいろな気分に合わせたプレイリストを作成できます。

## 第6章

# Q&A

- 50 ほかの音楽配信サイトで購入した曲は聴けるの?
- 51 ハイレゾの再生はできるの?
- 52 アルバムを追加したのにマイミュージックに表示されないときはどうしたらよい?
- 53 ダウンロードしたはずの曲が消えた!
- 54 ダウンロードを削除したはずの曲が消えていない?
- 55 AndroidでApple Musicは使えますか?
- 56 CDから取り込んだ曲がiPhoneに移動しない!
- 57 アーティスト名がカタカナと英語の2つになったときは?
- 58 プレイリストを常に表示したい
- 59 子供に不適切な音楽やビデオを再生できないようにしたい
- 60 パソコン内にある曲とiCloudにある曲を見分けるには?
- 61 iTunesの音楽ファイルの保存先を変えたい
- 62 iTunes Cardで支払いを行うには?
- 63 Apple Musicの契約更新を行わないようにするには?
- 64 ほかの機器でApple Musicを利用するには?
- 65 パソコンを変えたらどうする?

# Q&A
## Question 50
## ほかの音楽配信サイトで購入した曲は聴けるの？

**Answer** DRMフリーの曲なら聴けます。ただし、音楽の形式によってはiTunesに取り込めないので、注意してください。

iTunesに取り込んで、iCloudミュージックライブラリへ追加（またはiPhoneに同期）すれば聴けます。ただし楽曲データがDRMフリーで提供されているものに限ります。最近では、「mora」や「e-onkyo music」、「music.jp」など、さまざまな音楽配信サイトがDRMフリーで楽曲が提供されています。こうした音楽配信サイトから購入した曲は、P.100で紹介している方法でiTunesへ取り込むことができます。

ただし注意したいのは、FLACなどの形式で配信されている場合です。そのままではiTunesに取り込むことができません。この場合は、変換用のソフトウェアを使って、AppleロスレスALAC）やAAC形式などに変換してから、iTunesに取り込む必要があります。

### ● DRMフリーの音楽を配信しているサイト

mora
http://mora.jp/

e-onkyo music
http://www.e-onkyo.com/music/

●そのほかの配信サイト
music.jp　http://music-book.jp/
MySound.jp　http://mysound.jp/
OTOTOY　http://ototoy.jp/top/
レコチョク　http://recochoku.jp/
オリコンミュージックストア　http://music.oricon.co.jp/

## Q&A
## Question 51

# ハイレゾの再生はできるの?

> Answer
>
> Apple Musicではハイレゾは再生できません。ハイレゾ対応アプリを使い、「ポータブルDACアンプ」などを用意する必要があります。

ハイレゾとは、「ハイ・レゾリューション・オーディオ」の略でCD音源(44.1kHz/16bit)よりも、高音質で記録されている音源のことです。2016年3月現在、「ミュージック」アプリではハイレゾを再生することはできません。またAppple Musicでもハイレゾ音源は配信されていません。現在一部の音楽配信サイトで、96kHz/24bit以上で記録されたハイレゾ音源を購入することができます。しかしiPhoneでハイレゾを再生するには、「Onkyo HF Player」など、サードパーティが公開しているハイレゾ対応アプリを用意して、iTunes経由で転送するという操作が必要になります。またスピーカーやヘッドホン出力もハイレゾに非対応です。ハイレゾを聴くにはLightningコネクタに接続して使う「ポータブルDACアンプ」などが必要です。

なお2016年中には、Appleがハイレゾ仕様に準拠したストリーミングサービスを開始するという噂もあります。iPhoneでハイレゾを普通に楽しめる日が、近い将来訪れるかもしれません。

「Onkyo HF Player」などのハイレゾ対応アプリを利用すれば、iPhoneでハイレゾ音楽を聴くことができます。

# Q&A
## Question 52
## アルバムを追加したのにマイミュージックに表示されないときはどうしたらよい?

**Answer** 並び順を「コンピレーション」などに切り替えると表示されます。また、検索を利用してもアイテムを探すことができます。

オムニバスやベスト盤、トリビュートアルバムなどは、コンピレーションアルバムに分類されます。こうしたアルバムを表示するには、「コンピレーション」や「ジャンル」表示に切り替えます。

アルバム名がわかっているときは、検索機能を使うのも便利です。右上にある虫眼鏡のアイコンをタップして、アルバム名を入力します。検索場所を＜マイミュージック＞にすれば、アイテムを検索できます。

### ● コンピレーションを表示する

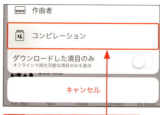

1. ＜My Music＞をタップして、
2. ここをタップします。
3. ＜コンピレーション＞をタップします。

### 4 アルバムが表示されました。

### ● 検索を実行する

検索場所を＜マイミュージック＞にして、虫眼鏡のアイコン Q をタップして検索を実行します。

## Q&A
## Question 53
# ダウンロードしたはずの曲が消えた!

> Answer
> iCloudミュージックライブラリがオフになっていないか確認しましょう。iTunesにサインインしてからiCloudミュージックライブラリをオンにします。

iCloudミュージックライブラリがオフになっていると、Apple Musicからマイミュージックに追加したアイテムや、オフライン再生用にダウンロードしたアイテムは表示されません。Apple Musicを解約すると、iCloudミュージックライブラリは使えなくなるので、ダウンロードしたアイテムも当然利用できなくなります。

Apple Musicを利用中でもiTunes Storeからサインアウトすると、iCloudミュージックライブラリは自動でオフになります。再びサインインし直しても、iCloudミュージックライブラリはオフのままです。この場合は「設定」アプリを起動します。＜ミュージック＞をタップして、＜iCloudミュージックライブラリ＞をオンにします。

なおダウンロードしたアイテムはすべて削除されているので、必要なものは再ダウンロードしましょう。

### ● iTunesにサインインする

「設定」を起動し、＜iTunes & App Store＞をタップしたら、＜サインイン＞をタップします。

### ● iCloudミュージックライブラリをオンにする

「設定」を起動します。＜ミュージック＞をタップし、＜iCloudミュージックライブラリ＞をオンにします。そのあとライブラリの結合方法を選びます。

# Q&A Question 54

## ダウンロードを削除したはずの曲が消えていない?

**Answer** 「ミュージック」の不具合でアイテムを削除できないときがあります。その際は「設定」から削除します。

ダウンロードしたアイテムを削除したいときは、マイミュージックから削除します。しかし何度削除を実行しても、アイテムが端末から削除されないということがたまにあります。このようなときは、「設定」から保存されているアイテムを削除できます。「設定」を起動したら、＜一般＞→＜ストレージとiCloudの使用状況＞→＜ストレージを管理＞→＜ミュージック＞の順にタップします。端末に保存されているアイテムの一覧が表示され、削除できます。

### ●「設定」から削除する

**1** 削除したいアイテムを左にスライドします。

ここをスライドさせると、保存されているすべての曲を削除できます。

**2** ＜削除＞をタップします。

**3** アイテムが削除されます。

## Q&A Question 55

# AndroidでApple Musicは使えますか?

**Answer** はい。使えます。利用する場合は、「Apple Music」アプリをインストールします。Apple IDも必要になりますが、アプリから新規に登録することも可能です。

Android 4.3（Jelly Bean）以上を搭載したAndroidスマートフォンなら、Google Playで公開されている「Apple Music」アプリをインストールすることで、Apple Musicが利用可能です。利用するには、Apple IDが必要ですが、アプリから新規にApple IDを作成することもできます。また初めて利用するときは、90日間の無料トライアルに申し込むことができます。
iPhoneやiTunesで、すでにApple Musicを利用している場合は、Apple IDでサインインするだけです。iCloudミュージックライブラリを有効にすれば、自分のライブラリが表示されます。またAndroid版だけの機能として、SDカードに音楽を保存できます。オフライン用にたくさんの音楽をダウンロードしたい人にはうれしいポイントです。なおiOSやiTunesではBeats 1やConnect機能は無料で利用できますが、Android版ではメンバーシップ登録が必要です。

● Android版Apple Musicを入手する

Google Playで公開されている「Apple Music」をインストールします。

## Q&A Question 56

# CDから取り込んだ曲が
# iPhoneに移動しない！

**Answer** iCloudミュージックライブラリに手動で追加します。転送が途中で止まっている場合は、iCloudミュージックライブラリを更新するか、いったんオフにします。

iCloudミュージックライブラリを利用していると、USBケーブルを経由した同期ができなくなります。転送はすべてWi-Fi経由で行われますが、複数のCDから曲を取り込んだときなどは、転送されるまで時間がかかります。何かのきっかけで転送が途中で止まってしまうということもあるでしょう。このようなときは、iCloudミュージックライブラリに手動で曲を追加してみます。それでも上手くいかない場合は、iCloudミュージックライブラリを更新するか、いったんオフにしてからオンにしなおします。

● iCloudミュージックライブラリに追加する

ここではパソコンのiTunesで操作しています。

**1** 曲を選択した状態で右クリックメニューを表示します。

**2** ＜iCloudミュージックライブラリに追加＞をクリックします。

**3** ここをクリックすると、現在のアップロード状況などが表示されます。

● iCloudミュージックライブラリを更新する

ここではパソコンの iTunes で操作しています。

**1** Ctrl キーを押しながら B キーを押し（Windows のみ）、

**2** ＜ファイル＞をクリックし、

**3** ＜ライブラリ＞をクリックして、

**4** ＜iCloud ミュージックライブラリを更新＞（Mac は＜iCloud ミュージックライブラリをアップデート＞）をクリックします。

● iCloudミュージックライブラリのオンオフを試す

P.88 を参考に「設定」を開いて、＜iCloud ミュージックライブラリ＞をオフにしたあと、再びオンにします。

## 📝 Memo

### iCloudミュージックライブラリの更新状況を確認する

iTunes で、マイミュージックを曲表示にしてから、列見出しを右クリックし、＜iCloud の状況＞をクリックします。「iCloud の状況」という列が追加され、Apple Music とマッチングされた曲（「Apple Music」）や、マッチング中の曲（「待機中」）、ほかの端末で削除された曲（「削除されました」）、購入した曲（「購入した項目」）など、アイテムの状況を知ることができます。

# Q&A
## Question 57
## アーティスト名が カタカナと英語の2つに なったときは?

**Answer** アーティスト情報が統一されていないので、iTunesでアルバム(曲)のプロパティを編集し、アーティスト名を変更します。

同じアーティストの楽曲なのに、アーティスト名が英語のものと、カタカナのものが混在してしまうことがよくあります。これはiTunes Storeで購入したときや、CDから取り込んだとき、Apple Musicから追加したときのそれぞれで、アーティスト情報が統一されていないのが原因です。この場合は、アルバムや曲のプロパティを編集して、アーティスト名をどちらかに統一できます。プロパティを編集するときは、並び順を「アーティスト」表示に切り替えたほうが効率よく作業できます。

● アルバムのプロパティを編集する

ここではパソコンのiTunesで操作しています。

**1** ここをクリックして、

**2** <アーティスト>をクリックします。

3 アーティストを右クリックして、

4 <プロパティ>をクリックします。

5 <項目を編集>をクリックします。

6 「アーティスト」と「アルバムアーティスト」の両方を書き換えて、

7 < OK >をクリックします。

8 表記が統一されます。

## Q&A

## Question 58

# プレイリストを常に表示したい

**Answer** プレイリストを表示するには、マイミュージックを開いてタブをタップします。ですが、「プレイリスト」ボタンを常に表示する設定にしておくこともできます。

### ● Connectを無効にする

**1** 「設定」を起動します。

**2** ＜一般＞をタップします。

**3** ＜機能制限＞をタップします。

**4** ＜機能制限を設定＞をタップします。

**5** 4桁のパスコードを設定します。

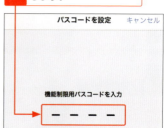

**6** パスコードを再入力します。

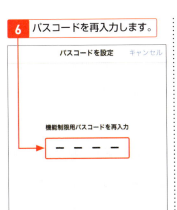

**7** ＜ Apple Music Connect ＞をオフにします。

**8** ＜ホーム＞ボタンを押します。

**9** 「ミュージック」を起動します。

**10** 「プレイリスト」ボタンが表示されました。

「ライブラリ」と「プレイリスト」のタブが消えています。

### Memo

### 元に戻すには

手順 **7** で「Apple Music Connect」をオフにすると、Connetct機能が利用できなくなります。Connectを再び表示したいときは、手順 **7** の「Apple Music Connect」を再びオンにします。

## Q&A Question 59

# 子供に不適切な音楽やビデオを再生できないようにしたい

> **Answer** 音楽やミュージックビデオの中には、性的な表現や暴力性を示唆する内容のものもあります。こうしたコンテンツへのアクセスを制限することができます。

● 機能制限を利用する

**1** 「設定」を起動します。

**2** ＜一般＞をタップします。

**3** ＜機能制限＞をタップします。

**4** 機能制限を利用するためのパスコードを入力します。

**5** ＜音楽、Podcast、ニュース＞をタップします。

**6** <EXPLICIT>をタップしてオフにします（Hint参照）。

**7** <ホーム>ボタンを押します。

### Memo

**ビデオやWebサイトへのアクセスを制限する**

前ページ手順 5 にある<ムービー>をタップすることで、見ることのできる映画のレーティングを設定できます。また<Webサイト>をタップして、アダルトコンテンツの表示を制限することができます。

### Memo

**機能制限を初めて利用する場合**

機能制限を初めて利用する場合は、前ページ手順 3 で<機能制限>タップしたあと、<機能制限を設定>をタップして、4桁のパスコードを設定します。詳しくはP.150の手順を参考にしてください。

### Hint

**Explicitとは**

Explicitとは、子どもに不適切な内容が含まれている可能性があることを消費者に警告するために、メディア製作者が発行するラベルです。Apple Musicでは、曲名の横に「E」のマークが表示されます。手順 6 で「EXPLICIT」をオフにすると、Explicitに設定されている音楽やミュージックビデオが再生できなくなり、iTunes Storeでも購入できなくなります。

## Q&A Question 60

# パソコン内にある曲とiCloudにある曲を見分けるには？

**Answer** iTunesからiCloudアイコンやプロパティで確認できます。iPhoneでは「iPhone」マークが1つの目安になります。

iTunesに表示される iCloudアイコン を見れば、iCloudにある曲かパソコンにダウンロードされている曲かを見分けることができます。アルバムを開いたときに、アルバムや曲の横にiCloudアイコンが表示されていれば、iCloudにあります。

ただし、Apple Musicから音楽をダウンロードすると、iCloudアイコンが非表示になり、もともとパソコンにあった音楽と見分けがつかなくなります。このようなときは、曲のプロパティ を表示します。プロパティ画面で「ファイル」タブに切り替えて「場所」に注目しましょう。ファイルの保存先が「Apple Music」フォルダーになっていれば、Apple Musicのアイテムです。「FairPlayのバージョン」には「2」と表示されており、このファイルにDRMが付与されていることがわかります。ファイルが「Music」フォルダーに保存されているなら、パソコンに元からあるファイルです。

● iCloudアイコンで見分ける

iTunesでアイテムを表示します。Apple Musicの曲やiTunes Storeで購入した曲で、iCloudにあるものには、iCloudアイコンが表示されます（上）。パソコンに保存されているアイテムにはiCloudアイコンが表示されません（下）。

● ダウンロードしたファイルを見分ける

**1** 右クリックして＜プロパティ＞（Macは＜情報を見る＞）をクリックします。

**2** ＜ファイル＞をクリックします。

D:\itunes\Apple Music

Apple Musicからダウンロードした曲は、「場所」に「Apple Music」と表示されます。

パソコンに取り込んだ曲は、「場所」に「Music」と表示されます。

 Memo

## 購入したアイテムについて

iTunes Storeで購入した曲のプロパティを表示させると、「iCloudの状況」には「購入した項目」と表示されます。

 Memo

## iPhoneで見分ける

iPhoneでは「iPhone」マークを確認します。iPhoneにあるアイテムにはマークが付きますが、iCloudにある曲には何も表示されません。ただし、Apple Musicからダウンロードしたアイテムと、パソコンから転送したアイテムを区別することはできません。

## Q&A
## Question 61
# iTunesの音楽ファイルの保存先を変えたい

**Answer** iTunesに取り込んだ音楽は「iTunes Media」フォルダーに保存されます。パソコンの容量に余裕がないときは、フォルダーの場所を変更しましょう。

● iTunes Mediaフォルダーを変更する

パソコンのiTunesで操作します。　　**1** 「iTunes」を起動します。

**2** ここをクリックします。

**3** ＜設定＞（Macは＜環境設定＞）をクリックします。

**4** ＜詳細＞をクリックして、

現在のフォルダーの場所が表示されています。

**5** ＜変更＞をクリックします。

**6** フォルダの移動先を指定して、

**7** ＜フォルダーの選択＞（Macは＜開く＞）をクリックします。

ここではあらかじめ「iTunes」というフォルダーを作成しておきました。

**8** ＜OK＞をクリックして設定画面を閉じると、ライブラリが更新されます。

● ライブラリを統合する

**1** [Ctrl]キーを押しながら[B]キーを押します。

**2** ＜ファイル＞クリックし、

**3** ＜ライブラリ＞をクリックして、

**4** ＜ライブラリを整理＞をクリックします。

**5** ＜ファイルを統合＞をクリックします。

**6** ＜OK＞をクリックします。

**7** 「iTunes Media」フォルダーにファイルがコピーされます。

### Memo

**iTunes Mediaフォルダーとは**

「iTunes Media」フォルダーには、CDから読み込んだ曲や、iTunes Storeから購入したアイテム（曲、ミュージックビデオ、映画など）、iTunesに追加したアイテムなどが保存されています。

### Memo

**ライブラリを整理**

「iTunes Media」フォルダーの場所を変更しても、ファイルを統合しない限り、既存のファイルは移動しません。ファイルを移動するには、上記手順 5 で＜ファイルを統合＞を実行します。

## Q&A
## Question 62

# iTunes Cardで支払いを行うには?

**Answer** 「iTunes Store」から、ストアクレジットをチャージします。ギフトカードのコードをカメラで読み取ることで、かんたんにチャージできます。

Apple Storeやコンビニなどで購入できる「iTunes Card」をiTunesのアカウントにチャージ(入金)すると、Apple Musicの支払いに充てることができます。iTunes Cardをチャージするには、「iTunes Store」を起動します。トップ画面をスクロールして、一番下にある<コードを使う>をタップし、iTunes Storeにサインインしたあと、<カメラで読み取る>をタップして、カードの裏面にあるギフトカードのコードをカメラで読み取ります。

なお、Apple Musicに初めて登録するときは、クレジットカード、デビットカード、携帯料金との一括決済、そしてストアクレジットのいずれかの支払い方法を選択する必要があります。クレジットカードがなくても、ストアクレジットをチャージしておけばApple Musicを登録できます。

### ストアクレジットをチャージする

1. iPhoneで「iTunes」を起動します。
2. <コードを使う>をタップします。
3. Apple IDのパスワードを入力し、
4. < OK >をタップします。

**5** <カメラで読み取る>をタップします。

コードの場合は、ここをタップして入力します。

**6** iTunes Cardの裏面に記載されたコードを読み取ります。

**7** <完了>をタップします。

**8** iTunesアカウントの残高が更新されます。

# Q&A Question 63

# Apple Musicの契約更新を行わないようにするには?

**Answer** 自動更新のオプションをオフにします。オフにする設定は、iPhoneからだけでなく、iTunesからも行うことができます。

90日間のトライアル期間が終了したあと、Apple Musicを解約するときは、自動更新のオプションをオフにしておきます。トライアル終了後、自動で課金されるのを防ぐことができます。この設定を忘れると、90日経過後に課金されてしまいます。継続するかどうか迷っているときは、とりあえず自動更新のオプションをオフにしておきましょう。再登録はいつでもできます。

### iPhoneから解約する

1. ①をタップして、

2. ＜Apple IDを表示＞をタップします。

**3** <管理>をタップします。

<あなたのメンバーシップ>と表示される場合もあります。

**4** <自動更新>をタップします。

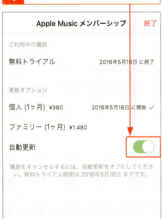

**5** <オフにする>をタップします。

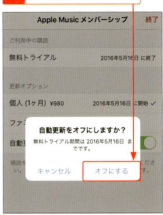

**6** <終了>をタップします。

### Memo

**再登録する**

手順 **6** の画面で個人プラン、またはファミリープランのボタンをタップすれば、いつでも再登録できます。

● iTunesから解約する

**1** 「iTunes」を起動します。

**2** ①をクリックし、

**3** ＜アカウント情報＞をクリックします。

**4** Apple ID のパスワードを入力し、

**5** ＜アカウントを表示＞をクリックします。

**6** 画面をスクロールし、

**7** 「設定」セクションの「登録」の右側にある＜管理＞をクリックします。

利用しているサービスが複数ある場合は、「Apple Music メンバーシップ」の＜編集＞をクリックします。

**8** 自動更新セクションの＜オフ＞をクリックします。

**9** ＜オフにする＞をクリックします。

**10** ＜完了＞をクリックします。

**11** ＜終了＞をクリックし、iTunes に戻ります。

# Q&A
## Question 64
# ほかの機器でApple Music を利用するには?

**Answer** iPadやiPod Touchなら、iTunes Storeへサインインするだけで、Apple Musicが利用可能です。iPhone以外の端末でもApple Musicを楽しんでみましょう。

### iPadでiTunes Storeへサインインする

**1** ＜設定＞をタップします。

**2** ＜iTunes Store/App Store＞をタップします。

**3** ＜サインイン＞をタップします。

すでにサインインしている場合は、手順 **7** へ進みます。

**4** Apple IDとパスワードを入力します。

**5** ＜サインイン＞をタップします。

**6** サインインが完了しました。

**7** ＜ミュージック＞をタップして、

164

| 8 | ＜iCloudミュージックライブラリ＞をオンにします。 |

 **Memo**

### 新しいデバイスを追加する

ほかのApple IDでサインインしていた端末に、新しいApple IDを入力して使う場合、手順 8 の操作をしたあと、「このデバイスは他のApple IDにリンクされています」と表示されます。ここで＜転送＞をタップすれば、iCloudミュージックライブラリが利用できるようになります。ただし、その後90日間はほかのApple ID（前のApple IDを含む）でiTunes StoreやApp Storeにサインインできなくなります。

| 9 | 「ミュージック」を起動して、Apple Musicを楽しみましょう。 |

# Q&A
## Question 65
# パソコンを変えたらどうする?

> **Answer** 「iTunes」フォルダーをバックアップして、新しいパソコンで復元します。基本的にはドラッグ&ドロップの操作でかんたんに行えます。

iTunesに追加した音楽は、「iTunes」フォルダーに保存されます。新しいパソコンに買い換えたときは、古いパソコンにある「iTunes」フォルダーをバックアップして、新しいパソコンに転送しましょう。「iTunes」フォルダーをバックアップするときは、ライブラリを統合して、すべてのファイルを集めてからバックアップすれば、ファイルの漏れをなくすことができます。

### ● iTunesライブラリを統合する

1. Windowsの場合は、Ctrlキーを押しながらBキーを押して、メニューバーを表示します。
2. <ファイル>をクリックし、
3. <ライブラリ>をクリックして、
4. <ライブラリを整理>をクリックします。
5. <ファイルを統合>を選択し、
6. <OK>をクリックします。

● ライブラリをバックアップする

**1** iTunes を終了します。

**2** 「iTunes」フォルダーを探します（Memo 参照）。

**3** 「iTunes」フォルダーを外付けのドライブなどに、バックアップします（ここでは、G ドライブへ「iTunes」フォルダーをドラッグ＆ドロップしています）。

### 📝 Memo

**「iTunes」フォルダーを探す**

「iTunes」フォルダーは初期状態では以下の場所にあります。
Mac：「Finder」→「[ユーザ名]」→「ミュージック」
Windows 8.1/10：「PC」→「ミュージック」あるいは「User」→「(ユーザー名)」→「ミュージック」

● ライブラリを復元する

**1** 外付けドライブなどから、内蔵ストレージの復元先（「ミュージック」フォルダーなど）に「iTunes」フォルダーをドラッグ＆ドロップします。

**2** shiftキーを押しながら（Mac は optionキー）iTunes を起動します。

**3** <ライブラリを選択>をクリックし、

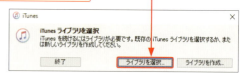

**4** 先ほどドロップした「iTunes」フォルダーの中にある「iTunes Library.itl」を選択し、

**5** <開く>(Macは<選択>)をクリックします。

**6** ライブラリが復元されます。

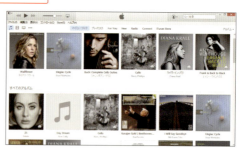

### 📝 Memo

#### Apple Musicを解約したら一部の曲が消えた

Apple Musicを解約するとiCloudミュージックライブラリが利用できなくなります。iCloudミュージックライブラリが利用できなくなっても問題ないように、「iTunes」フォルダーをあらかじめバックアップしておきましょう。問題が発生したときは、ここで紹介している方法でバックアップを復元します。

付録

# Apple Music利用のための基本設定/操作

- 66 Apple IDを作成しよう
- 67 iTunesをインストールしよう
- 68 支払い方法を設定しよう
- 69 iTunesでApple Musicの機能を使おう
- 70 iTunes Storeで映画をレンタル/購入しよう

## Section 66

# Apple IDを作成しよう

Apple Musicを利用するには、Apple IDが必要です。まだ持っていないなら、ここでApple IDを作成しておきましょう。iPhoneからかんたんに作成できます。

### Apple IDを作成する

**1** <設定>をタップします。

**2** < iCloud >をタップします。

**3** < Apple IDを新規作成>をタップします。

**4** ここを上下にドラッグして、

**5** 生年月日を入力します。

**6** <次へ>をタップします。

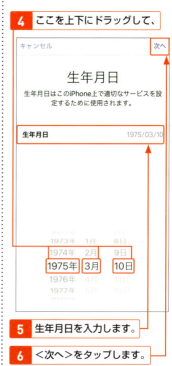

**7** 姓名を入力し、

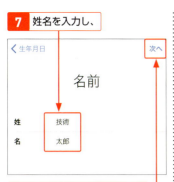

**8** <次へ>をタップします。

**9** <無料の iCloud メールアドレスを入手>をタップし、

**10** 希望するメールアドレスを入力します。

**11** <次へ>をタップします。

**12** <作成>をタップします。

**13** パスワードを2回入力し、

**14** <次へ>をタップします。

**15** <質問を選択>をタップします。

**16** 質問を選んでタップします。

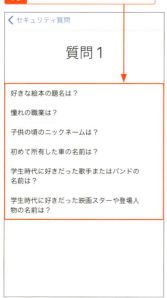

**17** 質問の答えを入力し、

**18** <次へ>をタップします。

**19** <質問を選択>をタップし、

**20** 同様に質問2を設定し、

**21** 質問3も設定します。

**22** <次へ>をタップします。

**23** Apple からのメールを受け取るか設定し、

**24** ＜次へ＞をタップします。

**25** 利用規約を確認し、

**26** ＜同意する＞をタップします。

**27** ＜同意する＞をタップします。

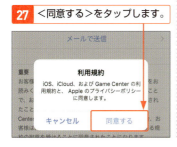

**28** Safari のデータを iCloud にアップロードするか設定します。

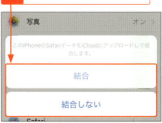

**29** ＜ OK ＞をタップします。

**30** アカウントが作成され、iCloud にサインインできました。

Section

# iTunesをインストールしよう

67

パソコンでApple Musicを楽しみたいときや、Apple Musicにない音楽をiPhoneへ転送するには、「iTunes」を利用します。Windowsへインストールしてみましょう。

### iTunesをインストールする

**1** 「Microsoft Edge」(または「Internet Explorer」)を起動して、

**2** 「http://www.apple.com/jp/itunes/download/」にアクセスします。

**3** ＜今すぐダウンロード＞をクリックします。

**4** ＜実行＞をクリックします。

**5** <次へ>をクリックします。

**6** <インストール>をクリックします。

**7** インストールを開始します。

**8** しばらく待つとインストールが完了します。

9 <完了>をクリックします。

> **Memo**
>
> **Macは標準でインストールされている**
>
> MacにはiTunesが最初からインストールされているので、ここでiTunesをインストールする必要はありません。

● iTunesの利用を開始する

1 iTunes が起動します。

2 ソフトウェア使用許諾契約を確認し、

3 <同意する>をクリックします。

**4** <同意する>をクリックします。

## ようこそ

iTunesを使えば、お気に入りの音楽、ムービー、テレビ番組など、コンピュータ内のコンテンツを簡単に楽しむことができます。

クイックツアーを表示 >

ライブラリの情報を Apple に送信して、アーティストのイメージ、アルバムカバー、その他の関連情報をライブラリに表示することに同意しますか？

詳しい情報 >

[ いいえ ]　[ 同意します ]

**5** iTunes が表示されます。

## ミュージック

[ミュージック] ライブラリには、iTunes に追加した曲やミュージックビデオが表示されます。iTunes Store にサインインしているときは、iCloud 内の購入済みミュージックも表示されます。

[ iTunes Store に移動 ]　[ メディアをスキャン ]

**6** ✕をクリックすると終了します。

付録　Apple Music 利用のための基本設定／操作

### 📝 Memo

### iTunesを起動する

次回 iTunes を起動するときは、デスクトップに作成されたショートカットアイコンをダブルクリックします。

# Section 68

## 支払い方法を設定しよう

Apple Musicを利用したり、iTunesで音楽や映画を購入したりするには、支払い方法を設定しておく必要があります。ここではクレジットカードを登録します。

### クレジットカードを登録する

**1** iPhoneで「設定」を起動して、

**2** ＜iCloud＞をタップします。

**3** ここをタップします。

**4** Apple IDのパスワードを入力し、

**5** ＜OK＞をタップします。

**6** ＜支払い＞をタップします。

**7** ＜カードを追加＞をタップします。

**8** カード名義の<姓>と<名>を入力し、

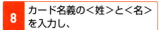

**9** カード番号を入力します。

**10** <次へ>をタップします。

**11** カードの有効期限やセキュリティコード、電話番号や住所などを入力します。

**12** <次へ>をタップします。

**13** クレジットカードが登録されました。

### Memo

### レビューを行う

「設定」にある< iTunes Store/App Store >を開いて、初めてサインインすると、決済方法の確認（レビュー）が求められます。この場合、<レビュー>をタップして、iTunesを利用する国や利用規約、カードのセキュリティコードの確認を行います。

## Section 69

# iTunesでApple Music の機能を使おう

iTunesにはApple Musicの機能が統合されています。iTunes Storeにサインインして、Apple Musicを利用してみましょう。

### iTunes Storeへサインインする

**1** iTunes を起動します。

**2** 画面右上の①をクリックします。

**3** Apple ID とパスワードを入力し、

**4** <サインイン>をクリックします。

**5** マイミュージックが同期されます。

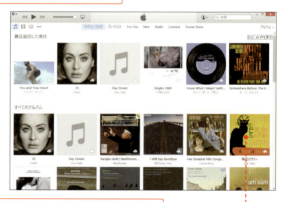

iPhone で追加したアイテムなどが表示されます。

180

● 音楽を検索する

**1** ここをクリックし、

**2** ＜すべての Apple Music ＞をクリックします。

**3** キーワードを入力します。

候補を選んでも検索できます。

**4** Enter キーを押して検索を実行します。

**5** 検索結果が表示されます。

Apple Music で「special others」の検索結果を表示

**6** ＜アーティスト＞をクリックします。

**7** ＜トップソング＞をクリックし、

**8** 聴きたい曲のアートワークをクリックします。

**9** 再生を開始します。

### 📝 Memo

**アルバムを表示する**

曲を再生中、曲名の横にある ••• をクリックして、<アルバムへ移動>をクリックするとアルバム画面が表示されます。

## For Youを利用する

**1** ＜For You＞をクリックします。

**2** アイテムをクリックします。

ここをクリックすると再生できます。

**3** プレイリストやアルバムの内容が表示されます。

**4** ▶をクリックしてプレイリストを再生します。

マイミュージックへ追加できます。

好きな曲をダブルクリックして再生できます。

気に入ったアイテムにラブを付けます。

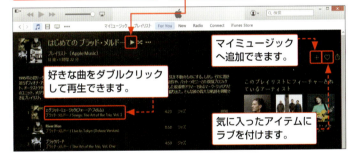

### Memo

#### 好きなアーティストを選択する

アカウントボタンをクリックして、＜好きなアーティストを選択＞をクリックすると、ジャンルやアーティストの好みを設定できます。

### Memo

**好みではないと伝える**

P.183 手順 4 の画面でプレイリストやアルバム名の横にある■■■をクリックし、＜これは好みではない＞をクリックします。For You の設定に反映されます。

### Memo

**ステーションを開始する**

音楽を再生中、曲名の横にある■■■をクリックし、＜ステーションを開始＞をクリックします。その曲に似ている曲を流すステーションを作成できます（Sec.24 参照）。

### おすすめのミュージックビデオを再生する

**1** < New >をクリックします。

**2** 画面をスクロールして、

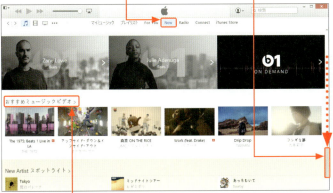

**3** <おすすめミュージックビデオ>をクリックします。

**4** 見たいアイテムをクリックします。

**5** 再生ボタンをクリックします。

**6** ミュージックビデオが再生されます。

ここをクリックするとフルスクリーンで表示されます。

### Memo

#### 人気のミュージックビデオを見つける

<トップミュージックビデオ>や<トップ Connect ビデオ>からもミュージックビデオを見つけることができます。

### Memo

#### マイミュージックに追加する

ミュージックビデオを再生しているとき、曲名の横にある•••をクリックするか、または P.185 手順 **5** で表示されている•••をクリックして、<マイミュージックに追加>をクリックすると、ミュージックビデオをマイミュージックに追加できます。

Section 70

# iTunes Storeで映画を
# レンタル／購入しよう

iTunes Storeで、好きな映画をレンタル／購入してみましょう。ハリウッドの大作映画から往年の名作映画まで、85,000本以上のタイトルが見つかります。

## iPhoneから映画をレンタル／購入する

**1** ＜iTunes Store＞をタップします。

**2** ＜映画＞をタップします。

**3** おすすめが表示されます。

**4** ＜ランキング＞をタップします。

**5** 画面をスクロールして、

**6** 見たいアイテムをタップします。

映画を購入したいときはこちらをタップします。

**7** ここをタップします。

付録 Apple Music利用のための基本設定／操作

187

## 8 ＜HD映画をレンタル＞をタップします。

## 9 指紋またはパスワードで認証を行い、支払いを完了します。

### ✏ Memo

**映画をレンタルする**

映画をレンタルした場合は、レンタルした日から30日間以内に視聴を開始する必要があります。また視聴を始めてから、48時間は視聴が可能ですが、視聴期限が切れると再生できなくなります。

## ● 映画を視聴する

### 1 ＜ビデオ＞をタップします。

### 2 ＜レンタル＞をタップし、

### 3 見たい作品をタップします。

### 4 ▶をタップすると、映画が再生されます。

チャプターを選べます。

### iTunesで映画をレンタル／購入する

**1** iTunesを起動します。

**2** 🔲をクリックして、

**3** ＜iTunes Store＞をクリックします。

**4** iTunes Storeが表示されました。

**5** 見たい映画をクリックして表示します。

**6** ここをクリックします。

**7** サインイン画面が表示されるので、パスワードを入力して、＜購入する＞をクリックして、購入を完了します。

> **Memo**
>
> **iTunesで再生する**
>
> iTunesで購入／レンタルした映画は、「マイムービー」にダウンロードされます。手順 **7** のあと、＜マイムービー＞をクリックして映画を再生します。

# INDEX 索引

## 数字

| | |
|---|---|
| 256kbps | 13, 15, 20, 78 |
| 3D Touch | 39 |

## アルファベット

| | |
|---|---|
| AAC | 13, 15, 20, 78, 81, 83, 140 |
| AirPlay | 122 |
| Android | 19, 145 |
| Apple ID | 170 |
| Apple Music | 12, 14 |
| Apple Musicアプリ | 145 |
| Apple TV | 19, 118 |
| Apple Watch | 19 |
| Appleロスレス（ALAC） | 83, 140 |
| Beats 1 | 64 |
| Bluetoothスピーカー | 116 |
| Connect | 56, 68, 151 |
| Curatorプレイリスト | 110 |
| DRM | 12, 20, 28, 78 |
| DRMフリー | 140 |
| Explicit | 153 |
| Facebook | 50 |
| For You | 56, 58, 183 |
| Geniusプレイリスト | 138 |
| Google Play | 145 |
| iCloudミュージックライブラリ | 20, 26, 88, 146 |
| iOS端末 | 18 |
| iPad | 164 |
| iTunes | 76, 174, 180 |
| iTunes Card | 158 |
| iTunes Match | 13, 21 |
| iTunes Mediaフォルダー | 100, 157 |
| iTunes Store | 12, 158, 180 |
| iTunesと同期 | 93 |
| iTunesフォルダー | 166 |
| Mac | 19 |
| New | 56, 60 |
| Radio | 56, 64 |
| Siri | 104 |
| Twitter | 50 |
| Windowsパソコン | 19 |

## あ行

| | |
|---|---|
| アーティストページ | 31 |
| アーティスト名の変更 | 148 |
| アートワーク（アルバムアートワーク） | 71, 84, 86 |
| アルバム | 33, 38 |
| イコライザ | 111 |
| 一般環境設定 | 88, 91 |
| インストール | 174 |
| インポート方法 | 83 |
| エラー訂正 | 82 |
| お気に入り | 25 |
| オフライン再生 | 15 |
| 音楽CD | 80 |
| 音楽配信サイト | 140 |
| 音質 | 15 |
| 音質を変更する | 82 |

## か行

| | |
|---|---|
| 解約 | 160, 162 |
| 歌詞 | 130 |
| 家族 | 126 |
| 機能制限 | 152 |
| ギフトカード | 158 |
| キュレーター | 110 |
| 共有 | 50 |
| クレジットカード | 178 |
| 契約更新 | 160 |
| 結合 | 94 |
| 検索 | 30, 37, 38, 46 |
| 高音質 | 27, 83 |
| 更新 | 89 |
| 購入 | 112, 114, 187 |
| 購入したアイテム | 155 |
| コントロールセンター | 34 |
| コンピレーション | 142 |
| コンプリート・マイ・アルバム | 113 |

## さ行

| | |
|---|---|
| 再生 | 32, 44, 96 |
| 再生画面 | 48 |
| 再ダウンロード | 95 |
| サインイン | 76, 164, 180 |
| 削除 | 43, 49, 73, 102, 144 |
| 支払い方法 | 178 |
| シャッフル | 44, 48, 69, 96 |
| ジャンル | 23, 24, 61 |
| 手動で追加 | 146 |
| スキップ | 34 |
| スクラブ再生 | 35 |
| ステーション | 66 |
| ストリーミング再生 | 15 |
| その他のオプション | 49 |

## た行

| | |
|---|---|
| ダウンロード | 42, 143, 144 |
| 次に再生 | 52 |
| 次はこちら | 53 |
| 転送 | 78, 88 |
| トップソング | 32 |
| トップレート | 109 |

## な行

| | |
|---|---|
| 並び順(変更) | 45, 98 |
| ニックネーム | 132 |

## は行

| | |
|---|---|
| ハイレゾ | 141 |
| バックアップ | 166 |
| 早送り | 35 |
| ビットレート | 82 |
| ファイル形式 | 83 |
| ファミリー共有の設定 | 126 |
| ファミリープラン | 124 |
| フォロー | 69 |
| 復元 | 167 |
| プラン | 22 |
| プレイリスト | 50, 62, 70, 150 |
| プレイリストの編集 | 72 |
| プレビュー | 59 |
| プロパティ | 148, 154 |
| プロフィール写真 | 133 |
| ペアリング | 117 |
| 変更(保存先) | 156 |
| 編集(アーティスト) | 134 |
| 編集(フォロー) | 136 |

## ま行

| | |
|---|---|
| マイミュージック | 40, 44 |
| 巻き戻し | 35 |
| ミニプレーヤー | 99 |
| ミュージックアプリ | 14 |
| ミュージックビデオ | 114, 118, 185 |
| 無料トライアルメンバーシップ | 22 |
| メールで送信 | 51 |
| モバイルデータ通信 | 27 |

## ら行

| | |
|---|---|
| ライブラリ | 13 |
| ラブ | 35 |
| リピート | 48 |
| 履歴 | 54 |
| リンクを登録する | 101 |
| レート | 108 |
| レンタル | 187 |
| ロック画面 | 34 |

## ■ お問い合わせの例

```
           FAX

1 お名前
  技評 太郎

2 返信先の住所またはFAX番号
  03-××××-××××

3 書名
  今すぐ使えるかんたんmini
  Apple Music  基本＆便利技

4 本書の該当ページ
  137ページ

5 ご使用のOSのバージョン
  iOS 9.1

6 ご質問内容
  手順2の画面が表示されない
```

# 今すぐ使えるかんたん mini
# Apple Music 基本＆便利技

2016年6月30日 初版 第1刷発行

著者●オンサイト
発行者●片岡 巖
発行所●株式会社 技術評論社
　　　　東京都新宿区市谷左内町21-13
　　　　電話 03-3513-6150 販売促進部
　　　　　　 03-3513-6160 書籍編集部
装丁●田邉 恵里香
本文デザイン／DTP／編集●オンサイト
担当●伊藤 鮎
製本／印刷●図書印刷株式会社
**定価はカバーに表示してあります。**

落丁・乱丁がございましたら、弊社販売促進部までお送りください。交換いたします。
本書の一部または全部を著作権法の定める範囲を超え、無断で複写、複製、転載、テープ化、ファイルに落とすことを禁じます。

©2016 オンサイト

ISBN978-4-7741-8165-3 C3055

Printed in Japan

## お問い合わせについて

本書に関するご質問については、本書に記載されている内容に関するもののみとさせていただきます。本書の内容と関係のないご質問につきましては、一切お答えできませんので、あらかじめご了承ください。また、電話でのご質問は受け付けておりませんので、必ずFAXか書面にて下記までお送りください。
なお、ご質問の際には、必ず以下の項目を明記していただきますようお願いいたします。

1 お名前
2 返信先の住所またはFAX番号
3 書名
　（今すぐ使えるかんたんmini
　　Apple Music　基本＆便利技）
4 本書の該当ページ
5 ご使用のOSのバージョン
6 ご質問内容

なお、お送りいただいたご質問には、できる限り迅速にお答えできるよう努力いたしておりますが、場合によってはお答えするまでに時間がかかることがあります。また、回答の期日をご指定なさっても、ご希望にお応えできるとは限りません。あらかじめご了承くださいますよう、お願いいたします。ご質問の際に記載いただきました個人情報は、回答後速やかに破棄させていただきます。

## 問い合わせ先

〒162-0846
東京都新宿区市谷左内町21-13
株式会社技術評論社　書籍編集部
「今すぐ使えるかんたんmini
Apple Music　基本＆便利技」質問係

FAX番号　03-3513-6167

URL：http://book.gihyo.jp